中等职业学校工程测量专业实训教材

测量学基础实训教程

主　编　马　亮　毛兰芳
主　审　周　园

黄河水利出版社
·郑　州·

内 容 提 要

本书共分五部分,第一部分为测量实训须知;第二部分为实训任务,共列出了10个实训任务,有水准仪、经纬仪的认识及使用,水准测量、角度测量以及导线测量等;第三部分为课堂练习;第四部分为习题;第五部分为实训报告。

本书主要供中等职业学校工程测量专业教学使用,亦可供相关技术人员阅读参考。

图书在版编目(CIP)数据

测量学基础实训教程/马亮,毛兰芳主编.—郑州:黄河水利出版社,2014.8

中等职业学校工程测量专业实训教材

ISBN 978-7-5509-0880-2

Ⅰ.①测… Ⅱ.①马…②毛… Ⅲ.①测量学-中等专业学校-教材 Ⅳ.①P2

中国版本图书馆CIP数据核字(2014)第194336号

出 版 社:黄河水利出版社

地址:河南省郑州市顺河路黄委会综合楼14层 邮政编码:450003

发行单位:黄河水利出版社

发行部电话:0371-66026940、66020550、66028024、66022620(传真)

E-mail:hhslcbs@126.com

承印单位:河南承创印务有限公司

开本:787 mm×1 092 mm 1/16

印张:8

字数:185千字 印数:1—2 000

版次:2014年8月第1版 印次:2014年8月第1次印刷

定价:25.00元

中等职业学校工程测量专业实训教材
编写委员会名单

前 言

本书作为应用型中等职业学校工程测量专业《测量学基础》的配套教材，主要用于测量课程课间实验和期终课程综合实习。

测量学基础实训教程是测量学基础课程从理论到实践，帮助学生巩固课堂所学知识，培养学生分析问题和解决问题的能力，训练学生实际测量作业技能的重要实践性教学环节。

本书共分五部分，第一部分为测量实训须知；第二部分为实训任务，共列出了10个实训任务，有水准仪、经纬仪的认识及使用，水准测量、角度测量以及导线测量等；第三部分为课堂练习；第四部分为习题；第五部分为实训报告。

本书第一部分、第二部分实训一至实训八、第四部分、第五部分实训报告一至实训报告八由马亮编写，第二部分实训九、实训十、第三部分、第五部分实训报告九由毛兰芳编写。本书由马亮、毛兰芳担任主编，负责统稿工作。全书由现任全国测绘地理信息职业教育教学指导委员会委员的辽宁水利职业学院周园教授担任主审。

由于编者水平有限，书中难免存在疏漏及不足之处，诚请读者批评指正。

编 者

2014年6月

目　录

前　言

第一部分　测量实训须知

须知一　测量实训规定 …………………………………………………… (1)
须知二　测量仪器使用规则和注意事项 ……………………………… (1)

第二部分　实训任务

实训一　水准仪的认识及使用(DS_3 型) …………………………… (4)
实训二　普通水准测量(变动仪器高法) …………………………… (8)
实训三　四等水准测量 ………………………………………………… (12)
实训四　经纬仪的认识及使用(DJ_6 型) …………………………… (14)
实训五　测回法水平角观测 …………………………………………… (18)
实训六　方向法水平角观测(DJ_6 型) ……………………………… (20)
实训七　竖直角观测及竖盘指标差验校(DJ_6 型) ………………… (23)
实训八　视距测量及视距、三角高程计算 …………………………… (27)
实训九　导线测量 ……………………………………………………… (30)
实训十　大比例尺地形图测绘 ………………………………………… (39)

第三部分　课堂练习

练习一　导线坐标计算及导线点的展绘 ……………………………… (56)
练习二　地形图的识读 ………………………………………………… (60)
练习三　等高线的勾绘 ………………………………………………… (67)
练习四　地形图面积量算 ……………………………………………… (72)
练习五　断面图绘制 …………………………………………………… (74)
练习六　土石方量估算 ………………………………………………… (76)

第四部分　习　题

习题一　水准测量 ……………………………………………………… (80)
习题二　角度测量 ……………………………………………………… (84)
习题三　距离测量 ……………………………………………………… (87)
习题四　控制测量 ……………………………………………………… (88)
习题五　地形图测绘 …………………………………………………… (90)

第五部分　实训报告

实训报告一　水准仪的认识及使用(DS_3 型) …………………………………………… (92)
实训报告二　普通水准测量 ……………………………………………………………… (95)
实训报告三　四等水准测量 ……………………………………………………………… (98)
实训报告四　经纬仪的认识及使用 …………………………………………………… (101)
实训报告五　测回法观测水平角 ……………………………………………………… (103)
实训报告六　方向法观测水平角(DJ_3 型) …………………………………………… (105)
实训报告七　竖直角观测及竖盘指标差验校(DJ_6 型) ……………………………… (107)
实训报告八　视距测量及视距、三角高程计算 ……………………………………… (109)
实训报告九　导线测量 ………………………………………………………………… (110)

第一部分　测量实训须知

须知一　测量实训规定

测量学是一门实践性很强的技术基础课，测量实训是测量学教学中不可缺少的环节。只有通过实训与实习，才能巩固课堂所学的基本理论知识，进而掌握测量仪器操作的基本技能和测量作业的基本方法。因此，必须对测量实训予以高度重视。

(1)实训或实习前，必须阅读《测量学基础》的有关章节及《测量学基础实训教程》的相应项目；实训时，必须携带《测量学基础实训教程》，便于参照、记录有关数据和计算。

(2)实训或实习分小组进行，组长负责组织和协调工作，办理所用仪器、工具的借领和归还手续。

(3)实训或实习应在规定时间内进行，不得无故缺席或迟到、早退；应在指定的场地进行，不得擅自改变地点。

(4)必须遵守实训室的《测量仪器工具的借用规则》，应该听从教师的指导，严格按照实训或实习要求，认真、按时、独立地完成任务。

(5)测量记录应该用正楷书写文字和数字，不可潦草，记录应该用 2H 或 3H 铅笔。在规定表栏中，应将仪器型号、编号、日期、天气、观测者、记录者、测站和已知数据等填写齐全。

(6)记录者听取观测者报出读数后，应向观测者回报读数，以免记错。

(7)记录数字若发现有错误，不得涂改，也不得用橡皮擦拭，而应该用细横线画去错误数字，在原数字上方写出正确数字，并在备注栏内说明原因。观测数据的尾数不得更改。记录数据要完整(如水准尺读数 1.500，度盘读数 136°35′00″)，不可将零尾数省略。

(8)根据观测结果，应当场作必要的计算，并进行必要的成果检验，以决定观测成果是否合格，是否需要进行重测(返工)。只有在确认无误后，方可迁站或结束。

(9)数据运算中，按“4 舍 6 入，5 前单进、双舍”的规则进行凑整，如 1.524 4 m、1.523 6 m、1.524 5 m、1.523 5 m 等，这些数字若取至毫米位，则均可记为 1.524 m。

(10)实训或实习结束时，应把观测记录和实训报告交指导教师审阅。经教师认可后，方可收拾仪器和工具，做必要的清洁工作，向实训室归还仪器和工具，结束实训。

须知二　测量仪器使用规则和注意事项

测量仪器是比较贵重的设备，尤其是目前在向精密光学、机械化、电子化方向发展而使其功能日益先进的同时，其价格也更为昂贵。对测量仪器的正确使用、精心爱护和科学保养，是从事测量工作的人员必须具备的素质和应该掌握的技能，也是保证测量成果的质量、提高测量工作效率、发挥仪器性能和延长其使用年限的必要条件。为此，特制订下列测量仪器使用规则和注意事项，在测量实训或实习中应严格遵守和参照执行。

一、仪器、工具的借用

（1）以实训小组为单位借用测量仪器和工具，按小组编号在指定地点凭学生证向实训室人员办理借用手续。

（2）借用时，按本次实训的仪器、工具清单当场清点，检查实物与清单是否相符，仪器工具及其附件是否齐全，背带及手提是否牢固，三脚架是否完好。如有缺损，进行修补或更换后领出。

（3）搬运前，必须检查仪器箱是否锁好；搬运时，必须轻取轻放，避免剧烈震动和碰撞。

（4）实训或实习结束后，应及时收装仪器、工具，清除接触土地的部件（脚架、尺垫等）上的泥土，送还借用处检查验收。如有遗失或损坏，应写出书面报告说明情况，进行登记，并应按有关规定赔偿。

二、仪器的安装

（1）先将仪器的三脚架在地面安置稳妥。安置经纬仪的三脚架必须与地面点大致对中，架头大致水平。若为泥土地面，应将脚尖踩入土中；若为坚实地面，应防止脚尖有滑动的可能性。然后开箱取仪器。仪器从箱中取出之前，应看清仪器在箱中的正确安放位置，避免装箱时发生困难。

（2）取出仪器时，应先松开制动螺旋，用双手握住支架或基座，轻轻安放到三脚架头上，一手握住仪器，一手拧连接螺旋，最后拧紧连接螺旋，使仪器与三脚架连接牢固。

（3）安装好仪器以后，随即关闭仪器箱盖，防止灰尘等进入箱内。严禁坐在仪器箱上。

三、仪器的使用

（1）仪器安装在三脚架上之后，不论是否在观测，必须有人守护，禁止无关人员拨弄，避免与路过的行人和车辆碰撞。

（2）仪器镜头上的灰尘，应该用仪器箱中的软毛刷拂去或用镜头纸轻轻擦拭，严禁用手指或手帕等擦拭，以免损坏镜头上的药膜。观测结束后，应及时套上物镜盖。

（3）在阳光下观测，应撑伞防晒，雨天禁止观测；电子测量仪器在任何情况下，均应撑伞防护。

（4）转动仪器时，应先松开制动螺旋，然后平稳转动；使用微动螺旋时，应先旋紧制动螺旋（切不可拧得过紧）；微动螺旋不要旋到顶端，即应使用中间的一段螺纹。

（5）仪器在使用中发生故障时，应及时向指导教师报告，不得擅自处理。

四、仪器的搬迁

（1）在行走不便的地段搬迁测站或远距离迁站时，必须将仪器装箱后再搬。

(2)近距离或在行走方便的地段迁站时,可以将仪器连同三脚架一起搬迁。先检查连接螺旋是否旋紧,松开各制动螺旋,如为经纬仪,则将望远镜物镜向着度盘中心,均匀收拢各三脚架腿,左手托住仪器的支架或基座,右手抱住脚架,稳步行走。严禁斜扛仪器进行搬迁。

(3)迁站时,应带走仪器所有附件和工具等,防止遗失。

五、仪器的装箱

(1)实训结束,仪器使用完毕,应清除仪器上的灰尘,套上物镜盖,松开各制动螺旋,将脚螺旋调至中段并大致同高。一手握住仪器支架或基座,一手旋松连接螺旋使之与三脚架脱离,双手从脚架头上取下仪器。

(2)仪器放入箱内,使正确就位,试关箱盖,确认放妥(若箱盖合不上口,说明仪器位置未放置正确,应重放。切不可强压箱盖,以免损伤仪器)后,再拧紧仪器各制动螺旋,然后关箱,搭扣,上锁。

(3)清除箱外的灰尘和三脚架脚尖上的泥土。

(4)清点仪器附件和工具。

六、测量工具的使用

(1)使用钢尺时,应使尺面平贴地面,防止扭转、打圈,防止行人踩踏或车轮碾压,尽量避免尺身沾水。量好一尺段再向前量时,必须将尺身提起离地,携尺前进,不得沿地面拖尺,以免磨损尺面刻划甚至折断钢尺。钢尺用毕,应将其擦净并涂油防锈。

(2)皮尺的使用方法基本上与钢尺的使用方法相同,但量距时使用的拉力应小于使用钢尺时的拉力。皮尺沾水的危害更甚于钢尺,皮尺如果受潮,应晾干后再卷入盒内。卷皮尺时,切忌扭转卷入。

(3)使用测图板时,应注意保护板面,不得乱写乱扎,不能施以重压。

(4)使用水准尺和标杆时,应注意防止受横向压力,防止竖立时倒下,防止尺面刻划受磨损。标杆不能作棍棒使用。

(5)小件工具(如垂球、测钎、尺垫等)用完即收,防止遗失。

第二部分　实训任务

实训一　水准仪的认识及使用(DS_3型)

一、目的和要求

(1)了解 DS_3 型微倾式水准仪的基本构造和性能,认识各主要部件的名称和作用。

(2)练习水准仪的安置、瞄准、读数。

(3)练习普通水准测量的施测、记录和计算方法。

二、计划和设备

(1)实训安排 4 学时。实训小组由 4 人组成,1 人操作仪器,1 人记录,2 人立尺,轮流操作。

(2)每组 DS_3 型微倾式水准仪 1 台,水准尺 2 根,记录板 1 块。

三、知识准备

水准测量原理见图 2-1。

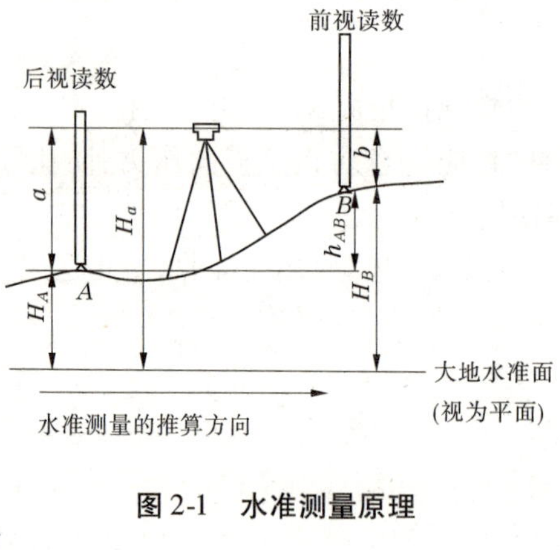

图 2-1　水准测量原理

A、B 两点间的高差为

$$h_{AB} = a - b$$

B 点的高程为

$$H_B = H_A + h_{AB} = H_A + (a - b)$$

水准测量记录见表 2-1。

表 2-1　水准测量记录

测站	测点	后视读数(m)	前视读数(m)	高差(m)		高程(m)	备注
				+	-		
1	BM_1	1.958	—	0.705	—	36.524	
	转点 1	—	1.253			—	
2	转点 1	1.234	—	—	0.598		
	转点 2	—	1.832			—	
3	转点 2	1.697	—	0.851	—		
	转点 3	—	0.846			—	
4	转点 3	2.356	—	0.824	—		
	BM_2	—	1.532			38.306	

四、任务及步骤

(一)认识水准仪的构造和各部件的名称

图 2-2 为 DS_3 型微倾式水准仪的外形及各部件的名称。

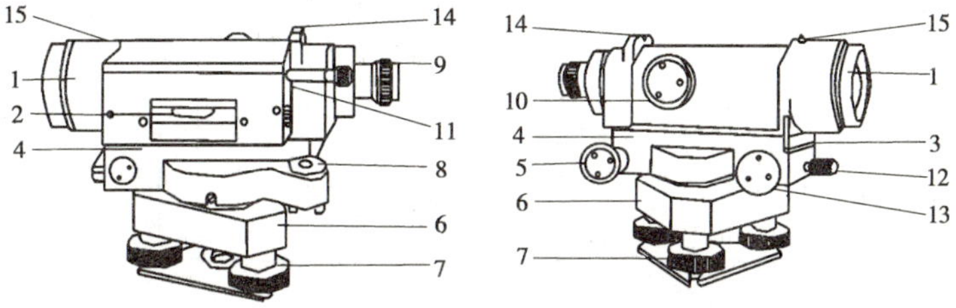

1—望远镜物镜;2—水准管;3—簧片;4—支架;5—微倾螺旋;6—基座;7—脚螺旋;8—圆水准器; 9—望远镜目镜;10—物镜调焦螺旋;11—气泡观察镜;12—制动螺旋;13—微动螺旋;14—照门;15—准星

图 2-2　DS_3 型微倾式水准仪

(二)水准仪的安置和使用

(1)安置仪器。仪器所安置的地点称为测站。在测站上松开三脚架伸缩螺旋,按需要调整架腿的长度,将螺旋拧紧。先将三脚架架腿打开,使架头大致水平,把三脚架的脚尖踩入土中;然后把水准仪从箱中取出,放到三脚架架头上,一手握住仪器,一手将三脚架架头上的连接螺旋旋入仪器基座内,拧紧,并检验是否已真正连接牢固,关上仪器箱。

(2)粗平。水准仪的粗平是通过旋转仪器的脚螺旋使圆水准的气泡居中而达到的。如图 2-3 所示,按"左手拇指规则"旋转一对脚螺旋(见图 2-3(a))和第三个脚螺旋(见图 2-3(b)),使气泡居中。这是置平测量仪器的基本功,必须反复练习。

(3)瞄准。望远镜瞄准目标前,先进行目镜调焦,使十字丝最清晰;放松制动螺旋,转动望远镜,通过望远镜上的照门和准星初步瞄准水准尺,旋紧制动螺旋;进行物镜调焦,使

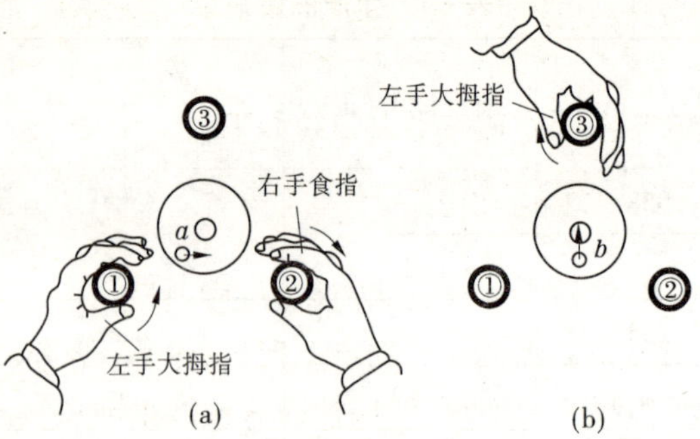

图 2-3　使圆水准器气泡居中

水准尺分划成像清晰；旋转微动螺旋，使水准尺像的一侧靠近十字丝纵丝（便于检查水准尺是否竖直）；眼睛略作上下移动，检查十字丝与水准尺分划像之间是否有相对位移（视差）；如果存在视差，则重新进行目镜调焦和物镜调焦，以消除视差。若实在难以完全消除视差，则以眼睛平视读数。

（4）精平。精平使水准管气泡居中，使水准仪的视线水平，是水准测量中关键性的一步。转动微倾螺旋，使水准管气泡居中；从目镜左方的符合气泡观察窗可以看到气泡两个半边的像，如图 2-4 所示，当两边的像符合时，水准管气泡居中。注意转动微倾螺旋要徐徐而进，不宜太快；微倾螺旋转动方向与水准管气泡像移动方向的一致。

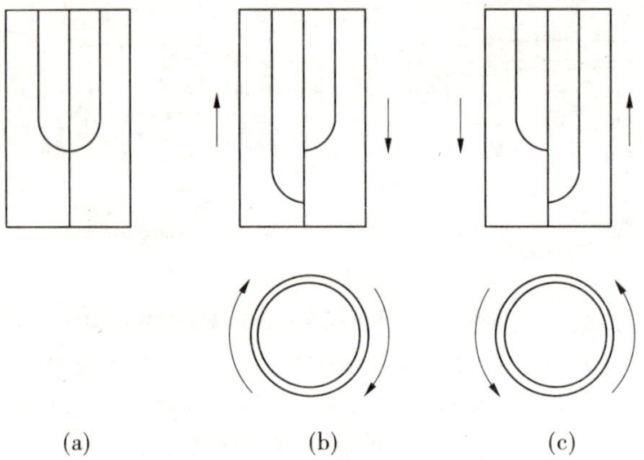

图 2-4　符合气泡

（5）读数。在倒像望远镜中看到水准尺像是倒立的，为了读数的方便，水准尺上的注字是倒写的，在望远镜中看到的字是正的。尺上注字以 m（米）为单位，每隔 10 cm 注字，每个黑色（或红色）和白色的分划为 1 cm，根据十字丝的横丝可估读到 mm（见图 2-5）。数分划的格数时，应从小的注字数往大的注字数方向数。对于倒像望远镜，则是从上往下数。先估读水准尺上的毫米数，然后报出全部读数；读数一般应为 4 位数，即 m、dm、cm 和 mm；读数应迅速、果断、准确，不要拖泥带水。读数后应立即查看水准管气泡两端影

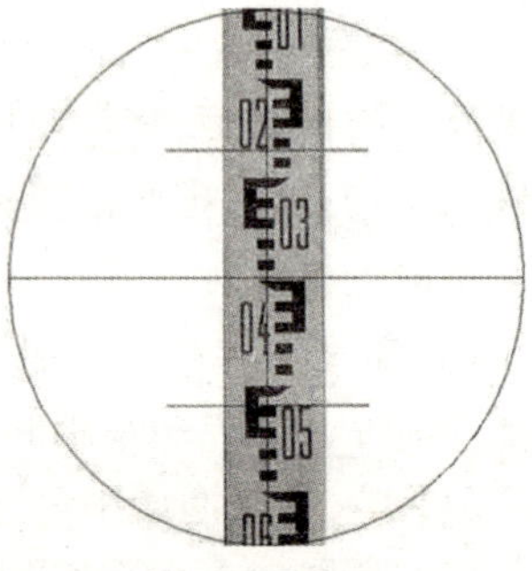

图 2-5　读数

像是否仍然吻合,若仍吻合,则读数有效,否则应重新使水准管气泡两端影像吻合后再读数。

综上所述,水准仪的基本操作程序可以归纳如下:

安置—粗平—瞄准—精平—读数

(三)测站水准测量练习

在地面上选定两点,分别作为后视点和前视点,放上尺垫并在其上立尺,在距两尺距离大致相等的点上置仪,粗平、瞄准后视尺、精平、读数,瞄准前视尺、精平、读数;若水准尺为双面尺,还应按同法读取水准尺红面读数。记录数据并计算高差。

换一人重新安置仪器,进行上述观测,直致小组所有成员全部观测完毕,小组各成员所测高差之差不得超过 ±5 mm;各人黑面中丝读数加上水准尺常数减去红面中丝读数应不超过 ±3 mm。

(四)自动安平水准仪的使用

图 2-6 所示为 DSZ_2 型自动安平水准仪的外形及各部件的名称。

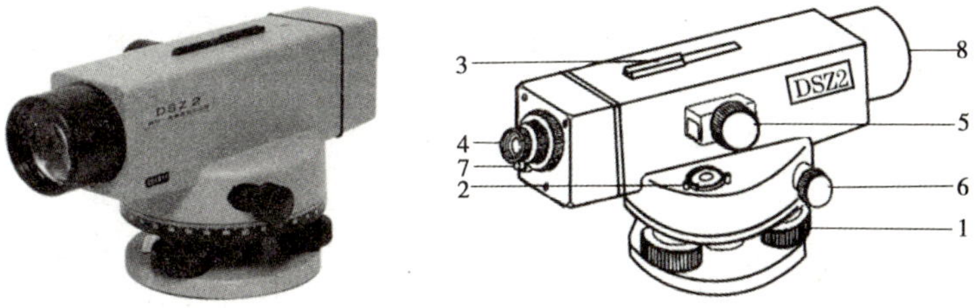

(a) (b)

1—脚螺旋;2—圆水准器;3—瞄准器;4—目镜调焦螺旋;5—物镜调焦螺旋;

6—微动螺旋;7—补偿器检查按钮;8—物镜

图 2-6 DSZ_2 型自动安平水准仪

自动安平水准仪利用圆水准器粗平仪器,仪器中的补偿棱镜在地球重力的作用下自动使仪器视准轴水平(精平),操作较一般水准仪简便,又可防止一般水准仪在操作中忘记精平的失误。其操作步骤如下:

(1)安置三脚架和连接仪器。选好测站,安放三脚架,使架头大致水平,用连接螺旋使水准仪与三脚架固连。对于 C30 型的球面三脚架头,将水准仪连接上后,略为旋松连接螺旋,轻轻推动仪器在球面上滑动,使圆水准器的气泡约有一半以上进入中央圆圈,旋紧连接螺旋。

(2)粗平。按"左手拇指规则"旋转仪器脚螺旋,使圆水准器的气泡严格居中,使补偿棱镜在补偿范围内使视准轴水平。

(3)瞄准。轻轻地在水平方向转动仪器,使望远镜上的瞄准器指向水准尺,用水平微动螺旋从望远镜中瞄准目标;旋转目镜调焦环使十字丝清晰,旋转物镜调焦螺旋使水准尺成像清晰;检查是否存在视差,如有,则再作对光调整。

(4)读数。自动安平水准仪的读数与一般水准仪相同。

五、注意事项

(1)仪器安放到三脚架架头上,必须旋紧连接螺旋,使连接牢固。

(2)仪器旋钮不宜拧得过紧,微动螺旋只能用到适中位置,不宜太过头。

(3)水准仪在读数前,必须使长水准管气泡严格居中。

(4)瞄准目标必须消除视差。

(5)从水准尺上读数必须读 4 位数:m、dm、cm、mm。不到 1 m 的读数,第一位数为零;如为整分米、整厘米读数,相应的位数也应补零。

实训二　普通水准测量(变动仪器高法)

一、目的和要求

(1)掌握普通水准测量一个测站的工作程序和一条水准路线的施测方法。

(2)掌握变动仪器高法普通水准测量的施测、记录、高差闭合差调整及高程计算的方法。

二、计划和设备

(1)实训安排 4 学时。实训小组由 4 人组成,1 人操作仪器,1 人记录,2 人立尺,轮流操作。

(2)每组 DS_3 级微倾式水准仪 1 台,水准尺 2 根,记录板 1 块。

三、知识准备

(一)水准点

通过水准测量的方法测定其高程的控制点称为水准点。

水准点有永久性和临时性两种(见图 2-7、图 2-8)。

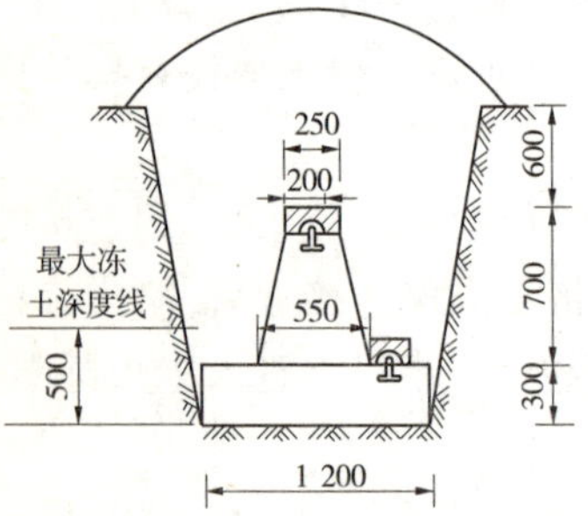

图 2-7　国家等级水准点　(单位:mm)

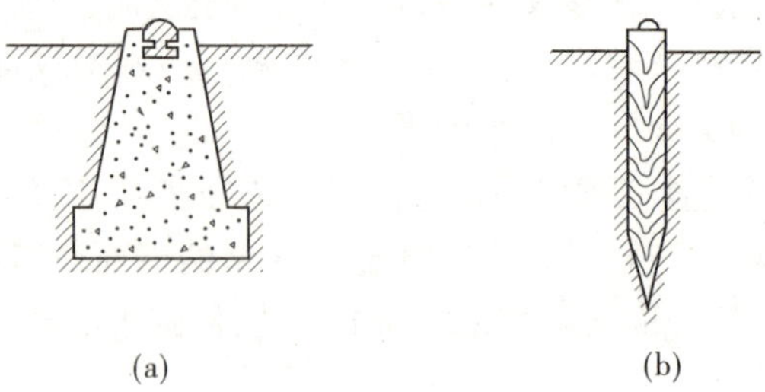

图 2-8　一般水准点

(二)水准路线

在两水准点之间进行水准测量所经过的路线称为水准路线。根据测区的情况不同,水准路线可布设成以下几种形式。

1. 闭合水准路线

从某一已知水准点 BM_1 开始,沿各高程待定的水准点 1、2、3、4 进行水准测量,最后仍回到原水准点 BM_1,称为闭合水准路线(见图 2-9(a))。闭合水准路线各段高差的总和理论值等于零,可以作为水准测量正确与否的检验标准。

2. 附合水准路线

从已知水准点 BM_1 出发,沿各高程待定的水准点 1、2、3 进行水准测量,最后附合到另一个已知高程的水准点 BM_2 上,称为附合水准路线(见图 2-9(b))。附合水准路线各段高差的总和理论值等两端已知水准点间的高差,可以作为水准测量正确性与否的检验标准。

3. 支水准路线

从一个已知高程的水准点 BM_1 出发,沿各高程待定的水准点 1、2 进行水准测量,其路线既不闭合又不附合,称为支水准路线(见图 2-9(c))。支水准路线应进行往、返水准测量,往测高差总和与返测高差总和绝对值应相等,而符号相反,以此作为支水准路线测量正确性与否的检验标准。支水准路线支出测点最多不能超过两点。

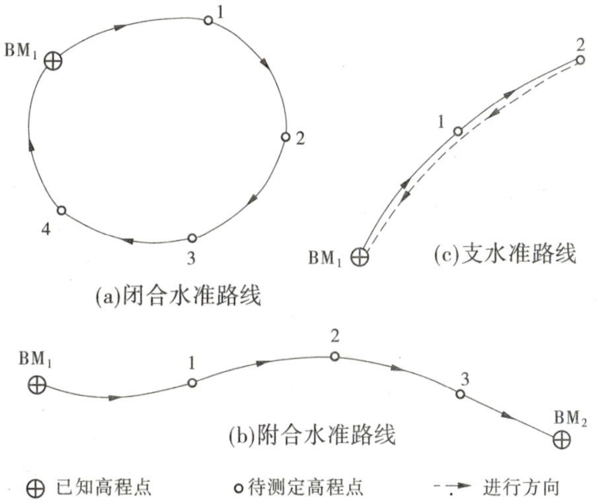

图 2-9　水准路线

(三)水准测量的施测过程

水准测量实例如图 2-10 所示。

(四)水准测量的检核方法

计算检核:可以检查出每站高差计算中的错误。按下式进行:

$$\sum a - \sum b = \sum h = H_{终} - H_{始}$$

测站检核:检核每站观测数据是否正确。一般采用变动仪器高法和双面尺法。

变动仪器高法水准测量是在同一个测站上两次安置仪器施测。两次安置仪器的高度应相差 10 cm 以上。两次测得的高差在理论上应该相等。实际测量中,两次测得的高差之差应在限差以内(等外水准限差 ±5 mm),以此检查每一测站在观测中是否有错误。

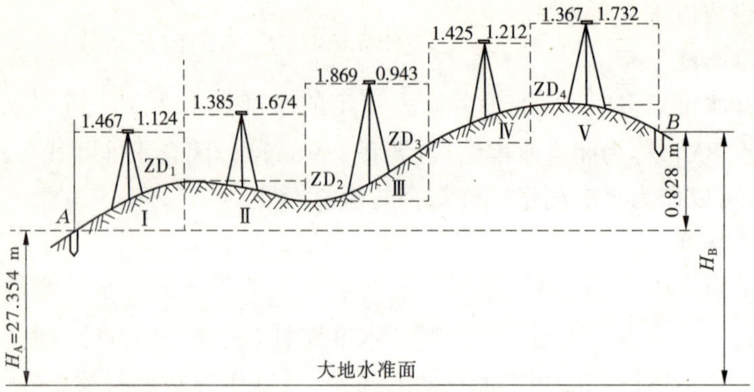

图 2-10 水准测量实例

双面尺法是仪器的高度不变，立在前视点和后视点上的水准尺分别用黑面和红面各进行一次读数，测得两次高差，相互进行检核。若同一水准尺红面读数与黑面读数（加常数后）之差不超过 ±3 mm，且两次高差之差又未超过 ±5 mm，则取其平均值作为该测站观测高差，否则需要检查原因，重新观测。

（五）水准测量的成果整理

1. 闭合差的计算

闭合差即实测值和理论值的误差。

高差闭合差：$f_h = \sum h_{测} - \sum h_{理}$

对于不同的水准路线，其理论高差计算不同：

闭合水准路线 $\sum h_{理} = 0$

附合水准路线 $\sum h_{理} = H_{终} - H_{始}$

当高差闭合差在限差允许之内，则观测精度符合要求，否则应当重测。水准测量的高差闭合差允许值根据水准测量的等级不同而异（见表 2-2）。

表 2-2 水准测量允许闭合差

等级	容许闭合差(mm)	
	平地	山地
二等	$4\sqrt{L}$	—
三等	$12\sqrt{L}$	$4\sqrt{n}$
四等	$20\sqrt{L}$	$6\sqrt{n}$
五等	$30\sqrt{L}$	—
图根	$40\sqrt{L}$	$12\sqrt{n}$

注：L 为水准路线总长度，km；n 为测站总数。

2. 高差闭合差调整值的计算

当高差闭合差在允许范围内时，可以进行闭合差的调整。其分配原则是：将高差闭合差按测站数或距离成正比例反号平均分配到各观测高差上。

设每一测段高差调整值（也称改正数）为 v_i，则

$$v_i = -\frac{f_h}{\sum n} n_i \quad (\sum n \text{ 为测站总数}, n_i \text{ 为测段测站数})$$

$$v_i = -\frac{f_h}{\sum L} L_i \quad (\sum L \text{ 为水准路线总长度}, L_i \text{ 为测段长度})$$

四、任务及步骤

按普通水准测量要求，施测一条闭合水准路线，路线长度约 300 m，设 6 ~ 8 站。高差闭合差要求：

$$f_{h允} = \pm 12\sqrt{n} \quad (\text{mm})$$

施测步骤如下：

(1)拟定施测路线。在指导教师的指导下，选一已知水准点作为高程起始点，记为 BM_1，选择有一定长度(约 300 m)、一定高差的路线作为施测路线。一般设 6 ~ 8 站，1 人观测、1 人记录、2 人立尺，每施测 1 站后应轮换工种。

(2)在起点(某一水准点)与第一个立尺点的中间(前、后视的距离大致相等，用目估或步测)安置水准仪并粗平，观测者按下列顺序观测：

①后视立于水准点上的水准尺，瞄准，精平，读数；

②前视立于第一点上的水准尺，瞄准，精平，读数；

③改变水准仪高度(10 cm 以上)，重新安置水准仪；

④前视立于第一点上的水准尺，瞄准，精平，读数；

⑤后视立于水准点上的水准尺，瞄准，精平，读数。

(3)观测者的每次读数，记录者应当场记下；后视、前视完毕，应当场计算高差，并作测站检核。本实训记录于第五部分实训报告二“普通水准测量记录”表中。

(4)依次观测各个测站，用相同的方法进行观测，直至回到出发点。

(5)全路线施测完毕，应作线路检核，计算前视读数之和、后视读数之和、高差之和。

五、注意事项

(1)当水准仪瞄准、读数时，水准尺必须立直。若尺子左、右倾斜，观测者在望远镜中根据纵丝可以发现，而尺子的前、后倾斜则不易发现，立尺者应注意。

(2)正确使用尺垫。尺垫只能放在转点处，已知高程点和待求高程点上均不能放置尺垫。

(3)同一测站，只能粗平一次(测站重测，需重新粗平仪器)；但每次读数前，均应检查水准管符合气泡是否居中，并注意消除视差。

(4)每一测站两次仪器高测得两个高差值之差不应超出 ±5 mm(等外水准容许值)，否则该测站应重测。

(5)每一测站通过上述测站检核，才能搬站；仪器未搬迁时，前、后视水准尺的立尺点如为尺垫，则均不得移动。仪器搬迁了，说明已通过测站检核，后视的立尺人才能携尺和尺垫前进至另一点；前视的立尺人仍不得移动尺垫，只是将尺面转向，由前视转变为后视。

(6)闭合线路的高差闭合差不应超出 $\pm 12\sqrt{n}$(山地)，n 为测站数。

(7)“普通水准测量记录”表应全部填写完毕,及在“高差误差配赋表”中计算的水准测量成果,作为本次实训的成果上交。

实训三　四等水准测量

一、目的和要求

(1)进一步熟悉水准仪的操作,掌握用双面水准尺进行四等水准测量的观测、记录和计算方法。

(2)熟悉四等水准测量的主要技术指标,掌握测站和路线的检核方法。

二、计划和设备

(1)实训安排4学时。实训小组由4人组成,1人操作仪器,1人记录,2人立尺,轮流操作。

(2)每组DS_3级微倾式水准仪1台,水准尺2根,记录板1块。

三、知识准备

三、四等水准测量的主要技术要求见表2-3。

表2-3　三、四等水准测量的主要技术要求

等级	视距(m)	高差闭合差限差(mm)		视线高度	前、后视距差(m)	前、后视距累计差(m)	黑、红面读数差(mm)	黑、红面所测高差之差(mm)
		平地	山地					
三等	≤75	$\pm 12\sqrt{L}$	$\pm 4\sqrt{n}$	三丝能读数	≤2.0	≤5.0	2.0	3.0
四等	≤100	$\pm 20\sqrt{L}$	$\pm 6\sqrt{n}$	三丝能读数	≤3.0	≤10.0	3.0	5.0

注:L为水准路线总长度,km;n为测站总数。

测站的计算与校核:

首先将观测数据(1),(2),…,(8)按表2-4的形式记录。

(一)视距计算

后视距离:(9)=[(1)-(2)]×100

前视距离:(10)=[(5)-(6)]×100

前、后视距差值:(11)=(9)-(10)

前、后视距累积差:(12)=本站(11)+前站(12)

(二)高差计算

后视标尺黑红面读数差:(13)=K_1+(3)-(4)

前视标尺黑红面读数差:(14)=K_2+(7)-(8)

K_1、K_2分别为后、前两水准尺的黑、红面的起点差,也称尺常数。

黑面高差:(15)=(3)-(7)

红面高差:(16)=(4)-(8)

黑、红面高差之差：(17) = (15) − [(16) ±0.1] = (13) − (14)

高差中数：(18) = {(15) + [(16) ±0.1]}/2

(三)检核计算

每站检核：(17) = (13) − (14) = (15) − [(16) ±0.1]

每页观测成果检核：Σ(9) − Σ(10) = 末站(12)

每页测站为偶数时：Σ[(3) + (4)] − Σ[(7) + (8)] = Σ[(15) + (16)] = 2Σ(18)

每页测站为奇数时：Σ[(3) + (4)] − Σ[(7) + (8)] = Σ[(15) + (16)] = 2Σ(18) ±0.1

表 2-4　四等水准测量记录

测站编号	后尺 下丝 / 上丝	前尺 下丝 / 上丝	方向及尺号	水准尺读数(m)		K + 黑 − 红 (mm)	高差中数 (m)	备注
	后视距	前视距		黑面	红面			
	视距差 d(m)	累计差 $\sum d$(m)						
	(1)	(5)	后 K_1	(3)	(4)	(13)	(18)	K_1 = 4 687 mm
	(2)	(6)	前 K_2	(7)	(8)	(14)		K_2 = 4 787 mm
	(9)	(10)	后 − 前	(15)	(16)	(17)		
	(11)	(12)						
1	2.121	2.196	后 K_1	1.934	6.621	0	−0.074	
	1.747	1.821	前 K_2	2.008	6.794	1		
	37.4	37.5	后 − 前	−0.074	−0.173	−1		
	−0.1	−0.1						
2	1.914	2.055	后 K_2	1.726	6.513	0	−0.140	
	1.539	1.678	前 K_1	1.865	6.553	−1		
	37.5	37.7	后 − 前	−0.139	−0.040	1		
	−0.2	−0.3						
3	1.974	2.142	后 K_1	1.836	6.520	3	−0.173	
	1.702	1.875	前 K_2	2.007	6.795	−1		
	27.2	26.7	后 − 前	−0.171	−0.275	4		
	0.5	0.2						
4	1.589	2.106	后 K_2	1.358	6.144	1	−0.516	
	1.126	1.640	前 K_1	1.872	6.561	−2		
	46.3	46.6	后 − 前	−0.514	−0.417	3		
	−0.3	−0.1						

Σ(9) = 148.4　　Σ(3) = 6.854　　Σ(4) = 25.798　　Σ(15) = −0.898

Σ(10) = 148.5　　Σ(7) = 7.752　　Σ(8) = 26.703　　Σ(16) = −0.905

Σ(9) − Σ(10) = −0.1　　[Σ(3) + Σ(4)] − [Σ(7) + Σ(8)] = −1.803

Σ(15) − Σ(16) = −1.803

末站(12) = −0.1　　Σ(18) = −0.901 5

总视距 Σ(9) + Σ(10) = 296.9　　2Σ(18) = −1.803

四、任务及步骤

（一）了解四等水准测量的方法

四等水准测量是在小地区布设高程控制网的常用方法，是在每个测站上安置一次水准仪，但分别在水准尺的黑、红两面刻划上读数，可以测得每次高差，进行测站检核。除此以外，还有其他一系列的检核方法。

（二）四等水准测量的实训任务

（1）从实训场地的某一水准点出发，选定一条闭合水准路线；或从一个水准点出发至另一水准点，选定一条附合水准路线。路线长度为 300 ~ 500 m，设置 4 ~ 6 个测站，视线长度为 30 m 左右。立尺点可以选择有凸出点的固定地物或安放尺垫。

（2）安置水准仪的测站至前、后视立尺点的距离（用步测或用视距测量）应大致相等。在每一测站，按下列顺序进行观测：

后视水准尺黑色面———读上、下丝读数，精平，读中丝读数；

后视水准尺红色面———精平，读中丝读数；

前视水准尺黑色面———读上、下丝读数，精平，读中丝读数；

前视水准尺红色面———精平，读中丝读数。

四等水准测量这样观测的顺序概括为：后—后—前—前或黑—红—黑—红。

（3）记录者按四等水准记录要求进行记录（如表 2-4 所示），并进行计算检核，每站必须在满足限差要求后才能搬站。

（4）依次设站，用相同的方法进行观测，直至线路终点，计算线路的高差闭合差。高差闭合差应满足四等水准测量限差要求。

五、注意事项

（1）四等水准测量比工程水准测量有更严格的技术规定，要求达到更高的精度，其关键在于前、后视距要相等（在限差以内）；从后视转为前视（或相反），望远镜不能重新调焦；水准尺应完全竖直，最好用附有圆水准器的水准尺。

（2）每站观测结束，应立即进行计算和检核，若有超限，则应重测该站。全线路观测完毕，线路高差闭合差在容许范围以内方可收测，结束实训任务。

（3）实训结束后，应上交经过各项检核计算后的“四等水准测量记录”，及在“高差误差配赋表”中计算的成果。

实训四　经纬仪的认识及使用（DJ_6 型）

一、目的和要求

（1）了解 DJ_6 型光学经纬仪的基本构造及主要部件的名称和作用。

（2）掌握经纬仪的基本操作方法——对中、整平、瞄准、读数。

（3）练习水平角测量方法。

二、计划和设备

(1)实训安排4学时。实训小组由5人组成,轮流操作仪器和做读数记录。

(2)实训设备为DJ_6型光学经纬仪1台,记录板1块。

三、知识准备

(一)DJ_6型光学经纬仪的构造和各部件的名称

DJ_6型光学经纬仪的构造和各部件的名称见图2-11。

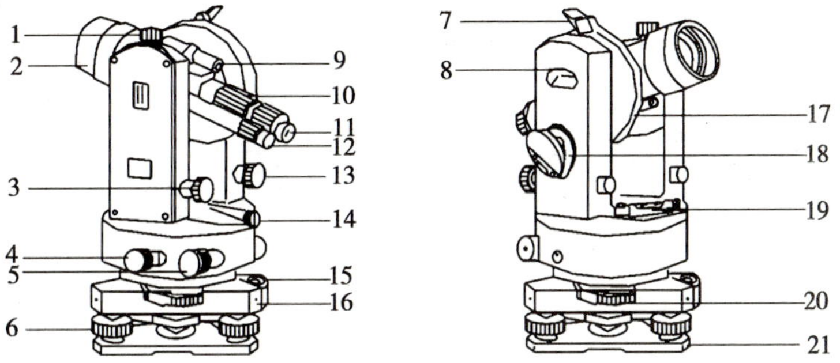

1—望远镜制动螺旋;2—望远镜物镜;3—望远镜微动螺旋;4—水平制动螺旋;
5—水平微动螺旋;6—脚螺旋;7—竖盘水准观察镜;8—竖盘水准管;9—瞄准器;
10—物镜调焦环;11—望远镜目镜;12—度盘读数镜;13—竖盘水准管微动螺旋;
14—光学对中器;15—圆水准器;16—基座;17—竖直度盘;18—度盘照明镜;
19—平盘水准管;20—水平度盘位置变换轮;21—基座底板

图2-11　DJ_6型光学经纬仪

(二)水平角观测原理

水平角就是从一点出发的两条方向线所构成的空间角在水平面上的投影。图2-12中,O为测站点,$\angle AOB$(β)为测站点和目标点构成的空间角,它在水平面P上的投影$\angle A_1OB_1$(β_0)即为$\angle AOB$的水平角。通常水平角是从起始方向按顺时针度量的,其取值范围为[0°~360°]。由图2-12还可以看出,水平角β_0是通过方向线OA和OB的两个竖面所形成的两面角。显然,水平角可以在两竖面交线上的任意一点上进行量测。因此,可以设想,在测站点的上方某一高度水平放置一个有分划的圆盘,使其中心(O')恰位于过测站点O的铅垂线(OO')上。由过OA的竖直面与圆盘的交线可得一目标的读数a,再由过OB的竖面与圆盘的交线得另一目标读数b。当圆盘的刻划按顺时针注记时,右方目标读数b减去左方目标(一般称为起始目标)读数a可得水平角β_0,即

$$\beta_0 = b - a$$

(三)竖直角观测原理

竖直角是空间方向线与水平面或天顶方向的夹角,简称竖角,又称垂直角。

空间方向线与水平面的交角称为高度角,而空间方向线与天顶方向的夹角称为天顶距。高度角从水平面开始度量。当空间方向线位于水平面之上时,高度角为正,称为仰角,如图2-12中的δ_1为仰角,是正高度角;当空间方向线位于水平面之下时,高度角为负,

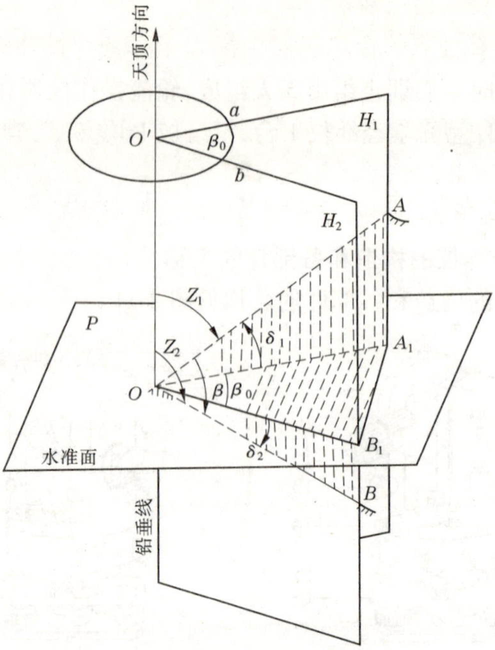

图 2-12　水平角和竖直角观测原理

称为俯角，如图 2-12 中 δ_2 为俯角，是负高度角。高度角的取值范围为[0° ~ ±90°]。

对于野外观测而言，天顶方向是指过测站点的铅垂方向的反方向。天顶距通常用 Z 表示，它是从天顶方向度量的，其取值范围为[0° ~180°]，如图 2-12 所示。还可看出，同一空间方向线的高度角 δ 和天顶距 Z 之间的关系为

$$Z = 90° - \delta$$

四、任务及步骤

在指定的地面点上安置经纬仪作为测站点，瞄准测钎或觇牌，作水平角观测的读数练习。

（一）对中

经纬仪的对中是把仪器的中心安置在通过测站点的铅垂线上。有用垂球对中和用光学对中器对中两种方法。本实训练习光学对中器对中。

光学对中：用光学对中器对中。光学对中器是装在照准部的一个小望远镜，光路中装有直角棱镜，使通过仪器纵轴中心的光轴由铅垂方向折成水平方向，便于观察对中情况，如图 2-13 所示。光学对中的步骤如下：

（1）三脚架头大致水平，目估初步对中。

（2）转动光学对中器目镜调焦螺旋，使对中标志（小圆圈或十字丝）清晰；转动物镜调焦螺旋（对

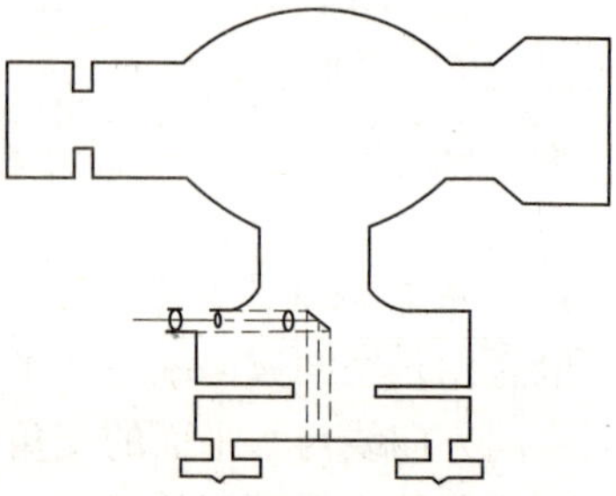

图 2-13　光学对中

某些仪器为伸缩目镜)，使地面点清晰。

(3)旋转脚螺旋，使地面点的像位于对中标志中心，此时，基座上的圆水准器气泡已不居中。

(4)伸缩三脚架的相应架腿，使圆水准器气泡居中，再旋转脚螺旋，使平盘水准管在相互垂直的两个方向气泡居中。

(5)从光学对中器中检查与地面点的对中情况，可略松连接螺旋，做微小的平移，使对中误差小于 1 mm。

(二)整平

经纬仪的基座上有圆水准器，照准部上有平盘水准管，因此经纬仪的整平也分下列两步实现。

(1)粗平基座：根据圆水准器气泡偏离中央的情况，伸缩三脚架 2 个脚，使圆水准气泡居中。

(2)精平照准部：转动照准部，使平盘水准管与一对脚螺旋平行，设气泡偏离如图 2-14(a)所示，按图示方向(左手拇指规则)转动这些脚螺旋，使气泡居中；将照准部旋转约 90°(见图 2-14(b))，仍按左手拇指规则旋转另一脚螺旋使气泡居中。以上步骤反复1 ~2 次，使照准部转到任何位置时水准管气泡的偏离不超过 1 格。

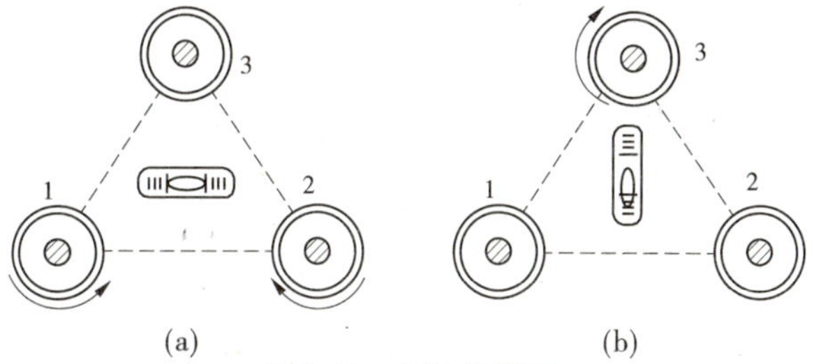

图 2-14　经纬仪精平

(三)瞄准

松开照准部上的水平制动螺旋，用望远镜上的瞄准器对准目标(测钎或觇牌)，使目标位于望远镜的视场内，旋紧望远镜制动螺旋和水平制动螺旋。目镜调焦，使十字丝清晰；物镜调焦，使目标像清晰；消除视差(与水准仪操作相同)。旋转望远镜微动螺旋，使目标像的高低适中；旋转水平微动螺旋，使目标像被十字丝的单根纵丝平分，或被两根纵丝夹在中央，完成水平方向的瞄准。

(四)读数

调整度盘照明镜的位置，使读数窗亮度适当；旋转度盘读数镜的目镜，使度盘分划清晰。DJ_6 型光学经纬仪一般采用测微尺读数，如图 2-15 所示。有两个读数窗口，标“H”为水平度盘读数，标“V”为竖直度盘读数。分微尺的长度等于放大后度盘分划线间隔 1°的长度，分微尺分为 60 个小格，每小格为 1′。分微尺每 10 小格注有数字，表示 0′，10′，20′，…，60′，其注记增加方向与度盘注记相反。这种读数装置直接读到 1′，估读到 6″。如图 2-15中水平读数为(215°01′48″)，竖直读数为(65°55′18″)。

(五)其他练习

盘左盘右进行观测的练习：松开望远镜制动螺旋，将望远镜从盘左转为盘右(或相反),进行瞄准目标和读数的练习。

改变水平度盘位置的练习:旋紧水平制动螺旋,打开保护盖,转动水平度盘位置变换轮,从度盘读数镜中观察水平度盘读数的变化情况,并对准某一整数度数,例如0°00′00″、90°00′00″等,最后盖好保护盖。

水平度盘读数练习记入第五部分实训报告四“经纬仪的认识及使用”。

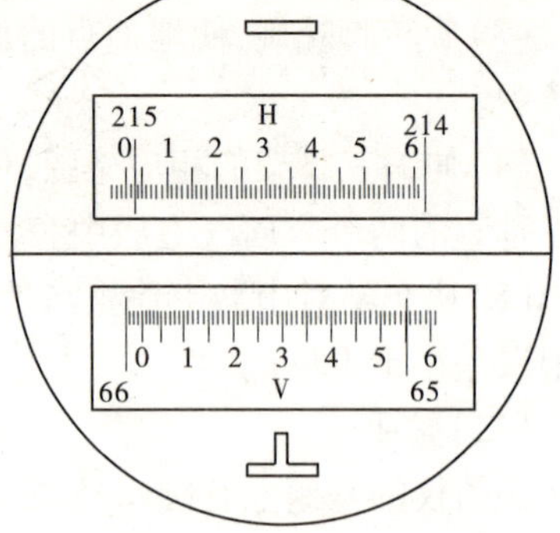

图 2-15　DJ_6 型光学经纬仪读数窗

五、注意事项

(1)经纬仪对中时,应使三脚架架头大致水平,否则会导致仪器整平困难。

(2)经纬仪整平时,应检查各个方向平盘水准管气泡的居中情况,其偏差应在规定范围以内。

(3)用望远镜瞄准目标时,必须消除视差。

(4)用测微尺进行度盘读数时,可估读至0.1′(6″),估读必须准确。

(5)水平度盘读数练习的记录作为实训成果上交。

实训五　测回法水平角观测

一、目的和要求

掌握用 DJ_6 型经纬仪进行测回法水平角的观测顺序、记录和计算方法。

二、计划和设备

(1)实训安排4学时。实训小组由5人组成,轮流观测和记录。

(2)实训设备为 DJ_6 型光学经纬仪1台,记录板1块,测钎2支。

三、知识准备

测回法适用于观测只有两个方向的单角。这种方法要用盘左和盘右两个位置进行观测。观测时目镜朝向观测者,如果竖盘位于望远镜的左侧,称为盘左;如果位于右侧,则称为盘右。通常先以盘左位置测角,称为上半测回。两个半测回合在一起称为一测回。有时水平角需要观测数测回。

如图2-16所示,将仪器安置在点上,用测回法观测水平角 AOB ,具体步骤如下:

(1)盘左位置,松开水平制动螺旋和望远镜制动螺旋,用望远镜上的准星、照门或粗瞄器瞄准左边的目标 A ,旋紧两制动螺旋,进行目镜和物镜对光,使十字丝和目标成像清晰,消除视差,再用水平微动螺旋和望远镜微动螺旋精确瞄准目标的下部,置数后读取水平度盘读数 a_1 (0°06′24″),记入记录手簿(见表2-5)。松开水平制动螺旋,转动照准部,

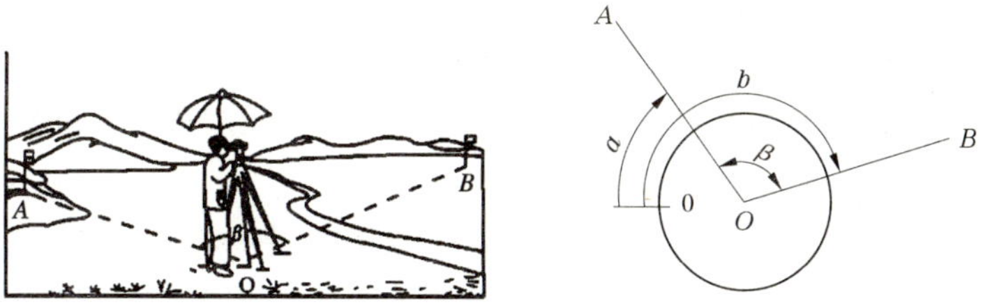

(a)　　　　　　　　(b)

图 2-16　测回法观测水平角

以同样方法瞄准右边的目标 B，读取水平度盘读数 b_1（111°46′18″），记入手簿。上半测回所测角值为：β_1 = 111°39′54″。

（2）倒镜成为盘右位置，先瞄准右边的目标 B，读取水平度盘读数 b_2（291°46′36″），记入手簿。再瞄准左边的目标 A，读取读数 a_2（180°06′48″），记入手簿。下半测回所测角值为 β_2 = 111°39′48″。

DJ_6 型光学经纬仪盘左、盘右两个“半测回”角值之差不超过 40″时，取其平均值即为一测回角值：111°39′51″。

由于水平度盘注记是顺时针方向增加的，因此在计算角值时，无论是盘左还是盘右，均应用右边目标的读数减去左边目标的读数，如果不够减，则应加上 360°再减。

当观测几个测回时，为了减少度盘分划误差的影响，各测回应根据测回数 n，按 180°/n 变换水平度盘位置。如表 2-5 所示第二测回起始置数角度为 90°06′18″。

表 2-5　测回法观测水平角记录手簿

测站	目标	竖盘位置	水平度盘读数（°　′　″）	半测回角值（°　′　″）	一测回平均角值（°　′　″）	各测回平均角值（°　′　″）
O	A	左	0　06　24	111　39　54	111　39　51	111　39　52
	B		111　46　18			
	A	右	180　06　48	111　39　48		
	B		291　46　36			
O	A	左	90　06　18	111　39　48	111　39　54	
	B		201　46　06			
	A	右	270　06　30	111　40　00		
	B		21　46　30			

四、任务及步骤

测回法观测水平角任务：在指定地面定出 O、A、B 三点并做好标志，如图 2-16 所示，OA 边在待测角 β 的左手边，OB 边在待测角度 β 的右手边；在 O 点上安置经纬仪，在点 A、B 竖立测钎或标杆，进行水平角观测。

步骤如下：

(1)在 O 点上安置经纬仪，对中、整平仪器。

(2)以盘左位置照准左方目标 A，配置水平度盘读数 $a_{左}$ 为 0°00′00″(或稍大一点)，填入记录表内。

(3)顺时针转动仪器照准右方目标 B，记录水平度盘读数 $b_{左}$，记录人听到读数后，立即回报观测者，经观测者默许后，立即记入测角记录表中，以上称上半测回，上半测回角值为

$$\beta_{左} = b_{左} - a_{左}$$

(4)纵转望远镜(此举称倒镜)，将经纬仪置盘右位置，先照准右方目标 B，读取水平度盘读数 $b_{右}$，并记入测角记录表中。其读数与盘左时的同一目标读数大约相差 180°。

(5)逆时针转动照准部，再照准左方目标 A，读取水平度盘读数 $a_{右}$，并记入测角记录表中。

(6)由前两步完成了下半测回的观测，记录者再算出其下半测回角值：

$$\beta_{右} = b_{右} - a_{右}$$

(7)至此便完成了一个测回的观测。如上半测回角值和下半测回角值之差没有超限(不超过 ±40″)，则取其平均值 β 作为一测回的角度观测值，即 $\beta = (\beta_{左} + \beta_{右})/2$，也就是这两个方向之间的水平角。

(8)如果观测不止一个测回，而是要观测 n 个测回，那么在每测回要重新设置水平度盘起始读数。即对左方目标每测回在盘左观测时，水平度盘应设置为 $180/n$ 的整倍数来观测。

五、注意事项

(1)在记录前，首先要弄清记录表格的填写次序和填写方法。

(2)在观测中若发现水准管气泡偏离较多，则该测回作废，重新整平后再观测。

(3)立即计算角值，如果超限，应重测。

(4)在选择目标时，最好选取不同高度的目标进行观测。

实训六　方向法水平角观测(DJ_6 型)

一、目的和要求

(1)掌握方向观测法测水平角的方法。

(2)理解方向法和测回法观测水平角的区别。

(3)巩固经纬仪的安置方法，提高照准精度和读数速度。

二、计划和设备

(1)实训安排 4 学时。实训小组由 5 人组成，1 人操作仪器，1 人记录，3 人立测钎，轮流操作。

(2)每组配备 DJ_6 型光学经纬仪 1 台,测钎 4 ~6 根,记录板 1 块。

三、知识准备

在一个测站上需要观测两个以上的方向时,一般采用方向观测法(见图 2-17)。

如图 2-17 所示,仪器安置在 O 点上,观测 A 、B 、C 、D 各方向之间的水平角,其观测步骤如下。

(一)盘左

选择方向中一明显目标如 A 作为起始方向(或称零方向),精确瞄准 A ,水平度盘配置在 0°或稍大些,读取读数记入记录手簿,然后顺时针方向依次瞄准 B 、C 、D ,读取读数记入记录手簿中。为了检核水平度盘在观测过程中是否发生变动,应再次瞄准 A ,读取水平度盘读数,此次观测称为归零,A 方向两次水平度盘读数之差称为半测回归零差。

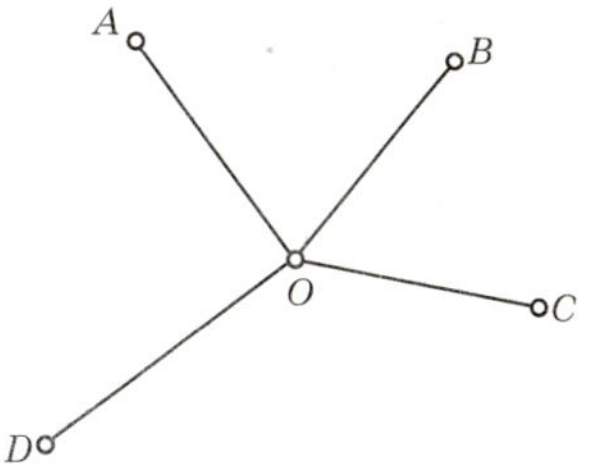

图 2-17　方向法观测水平角

以上为上半测回。

(二)盘右

按逆时针方向依次瞄准 A 、B 、C 、D 、A ,读取水平度盘读数,记入记录手簿中,检查半测回归零差,此为下半测回。

这样就完成了一个测回的观测工作。如果要观测 n 个测回,每测回仍应按 $180°/n$ 的差值变换水平度盘的起始位置。

方向观测法的记录格式见表 2-6。计算步骤和限差要求说明如下:

表 2-6　方向观测法记录手簿

测站	测回数	目标	水平度盘读数		2c (″)	平均读数 $=\frac{1}{2}$[左+(右±180°)] (° ′ ″)	归零方向值 (° ′ ″)	各测回归零方向值的平均值 (° ′ ″)	备注
			盘左 (° ′ ″)	盘右 (° ′ ″)					
O	1	A	0 02 42	180 02 42	0	(0 02 38) 0 02 42	0 00 00	0 00 00	
		B	60 18 42	240 18 30	+12	60 18 36	60 15 58	60 15 56	
		C	116 40 18	296 40 12	+6	116 40 15	116 37 37	116 37 28	
		D	185 17 30	5 17 36	−6	185 17 33	185 14 55	185 14 47	
		A	0 02 30	180 02 36	−6	0 02 33			
	2	A	90 01 00	270 01 06	−6	(90 01 09) 90 01 03	0 00 00		
		B	150 17 06	330 17 00	+6	150 17 03	60 15 54		
		C	206 38 30	26 38 24	+6	206 38 27	116 37 18		
		D	275 15 48	95 15 48	0	275 15 48	185 15 39		
		A	90 01 12	270 01 18	−6	90 01 15			

（1）计算半测回归零差，不得大于限差规定值（见表 2-7），否则应重测。

（2）计算两倍照准误差 $2c$ 值。同一方向盘左读数减去盘右读数 ±180°，称为两倍照准误差，简称 $2c$。$2c$ 属于仪器误差，同一台仪器 $2c$ 值应当是一个常数，因此 $2c$ 的变动大小反映了观测的质量，其限差要求见表 2-7。由于 DJ_6 型经纬仪的读数受到度盘偏心差的影响，因而未对 $2c$ 互差作出规定。

表 2-7　方向法水平角观测限差要求

仪器	半测回归零差（″）	一测回内 $2c$ 互差（″）	同一方向值各测回互差（″）
DJ_2	12	18	12
DJ_6	18		24

（3）计算各方向盘左和盘右读数的平均值，即

$$平均读数 = \frac{1}{2}[盘左读数 + (盘右读数 \pm 180°)]$$

在计算平均读数后，起始方向 OA 有两个平均读数，应再取平均，写在表中括号内，作为 A 的方向值。

（4）计算归零方向值。将计算出的各方向的平均读数分别减去起始方向 OA 的两次平均读数（括号内之值），即得各方向的归零方向值。

（5）各测回同一方向的归零方向值进行比较，其差值不应大于表 2-7 的规定。取各测回同一方向归零方向值的平均值作为该方向的最后结果。

如果欲求水平角值，只须将相关的两平均归零方向值相减即可得到。

四、任务及步骤

如图 2-17 所示在指定地方选择安置仪器的 O 点和用于照准的 A 、B 、C 、D 四个点。

（一）安置经纬仪

在 O 点安置经纬仪，选取 A 方向作为起始零方向。

（二）盘左

（1）大致瞄准起始方向 A ，拨动水平度盘变换手轮，将水平度盘置于零度附近，精确瞄准目标 A ，读取水平读盘读数 a_1 ，记入记录表。

（2）顺时针旋转照准部，依次照准 B 、C 、D 方向，并读取水平度盘读数 b 、c 、d ，将读数值分别记入记录手簿中。

（3）继续顺时针旋转照准部至 A 方向，再读取水平度盘读数 a_2 ，记入记录表，a_1 、a_2 之差为半测回归零差，若在允许范围内（参照表 2-7），则取其平均值，否则重测。

（三）盘右

（1）照准 A 方向，并读取水平度盘读数 a'_1 ，记入记录表。

（2）按逆时针方向依次照准 D 、C 、B 方向，并读取水平度盘读数 d' 、c' 、b' ，将读数值分别记入记录手簿中。

（3）逆时针继续旋转至 A 方向，读取零方向 A 的水平度盘读数 a'_2，a'_1 和 a'_2 之差为盘

右半测回归零差，若在允许范围内（参照表 2-7），则取其平均数，否则该测回重测。

（四）计算

同一方向两倍照准误差 $2c = L - (R \pm 180^\circ)$，$L$ 为盘左读数，R 为盘右读数。各方向的平均读数 $= \frac{1}{2}[L + (R \pm 180^\circ)]$；将各方向平均读数减去起始方向的平均读数，即得到各方向归零后方向值。

（五）依上述方法观测和计算其他测回

各个测回间重新设置水平度盘起始读数，即对左方目标每测回在盘左观测时，水平度盘应设置为 $\frac{180^\circ}{n}$（n 为总测回数）的整倍数来观测。最后计算各测回同一方向的平均值，并检查同一方向值各测回互差是否超限。

五、注意事项

（1）三脚架要安置稳当，仪器连接要可靠，经纬仪是精密仪器，使用时要十分谨慎小心，各个螺旋要慢慢转动，在转动望远镜和照准部前一定要把制动松开。

（2）一测回内不得两次整平仪器。

（3）选择距离适中、通视良好、成像清晰的方向作零方向。

（4）使用微动螺旋和测微螺旋时，其最后旋转方向均应为旋进。

（5）管水准器气泡偏离中心不得超过 1 格以上。

（6）进行水平角观测时，应尽量照准目标的下部。

实训七　竖直角观测及竖盘指标差验校（DJ_6 型）

一、目的和要求

（1）了解经纬仪竖直度盘的构造、注记形式、竖盘指标差与竖盘水准管之间的关系。

（2）掌握竖直角观测、记录、计算及竖盘指标差的检验和校正方法。

二、计划和设备

（1）实训安排 4 学时。实训小组由 5 人组成，1 人操作仪器，1 人记录，轮流操作。

（2）每组配备 DJ_6 型光学经纬仪 1 台，记录板 1 块。

三、知识准备

（一）经纬仪竖直度盘的构造

经纬仪上的竖直度盘安装在横轴的一端并与望远镜固定在一起，竖直度盘的刻划中心与横轴重合。图 2-18 是 DJ_6 型光学经纬仪的竖直度盘结构示意图。它的主要部件包括竖直度盘、竖直度盘指标、竖直度盘指标水准管和竖直度盘指标水准管微动螺旋。

当望远镜在竖直面内上下转动时，竖直度盘也随之转动，而用来读取竖直度盘读数的指标并不随望远镜转动,因此可以读出不同的竖直度盘读数。

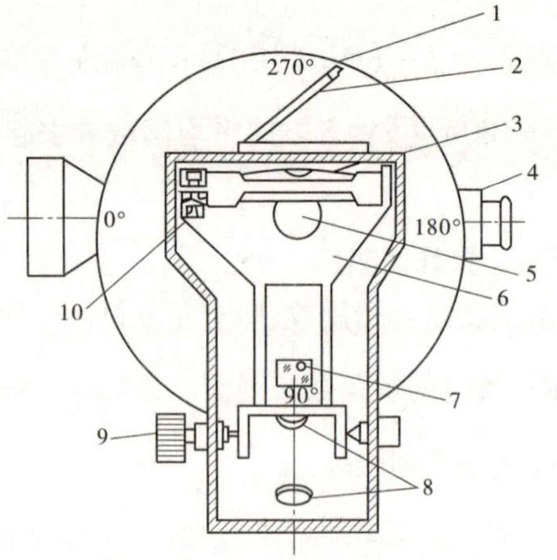

1—竖直度盘;2—水准管反射镜;3—竖直度盘水准管;4—望远镜;5—横轴;
6—支架;7—转向棱镜;8—透镜组;9—竖直度盘水准管微动螺旋;10—水准管校正螺丝

图 2-18　竖直度盘构造

光学经纬仪的竖直度盘是一个玻璃圆盘,其注记有多种形式。DJ_6 型光学经纬仪通常采用0°~360°顺时针方向注记。当望远镜视线水平且指标水准器气泡居中或自动补偿器归零时,盘左位置竖直度盘读数应为 90°,盘右位置竖直度盘读数应为 270°,如图 2-19所示。

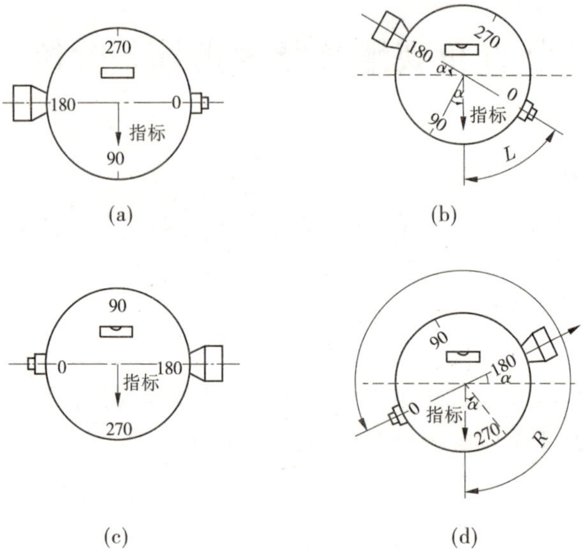

图 2-19　竖直度盘刻度

(二)竖直角的计算

竖直角的大小可由瞄准目标时的竖直度盘读数与望远镜视线水平时的竖直度盘读数之差求得。如图 2-19(a)所示为盘左位置望远镜视准轴水平时的情况,此时竖直度盘读数为 90°。望远镜上仰瞄准目标时,设竖直度盘读数减小,竖直角盘读数为 L,如图 2-19

(b)所示,则盘左位置竖直角 α_L 的计算公式为

$$\alpha_L = 90° - L$$

图 2-19(c)为盘右位置望远镜视准轴水平时的情况,此时竖直度盘读数为 270°。望远镜上仰瞄准目标时,设竖直度盘读数增大,读数为 R,如图 2-19(d)所示,则盘右位置竖直角 α_R 的计算公式为

$$\alpha_R = R - 270°$$

由于观测中不可避免地存在误差,盘左与盘右观测得到的竖直角往往不完全相等,应取盘左、盘右的平均值作为竖直角的观测结果,即

$$\alpha = \frac{1}{2}(\alpha_L + \alpha_R)$$

(三)竖直度盘指标差的计算

上述竖直角计算公式的推导是在望远镜视线水平、竖直度盘指标水准管气泡居中或自动补偿器归零时,竖直度盘读数为 90°或 270°的条件下得出的。但实际上由于种种原因,这个条件往往不能满足,即存在一定的指标偏差。当竖直度盘指标水准管气泡居中或自动补偿器归零时,指标线偏离正确位置的角度值就称为竖直度盘指标差,如图 2-20 中的 x 。

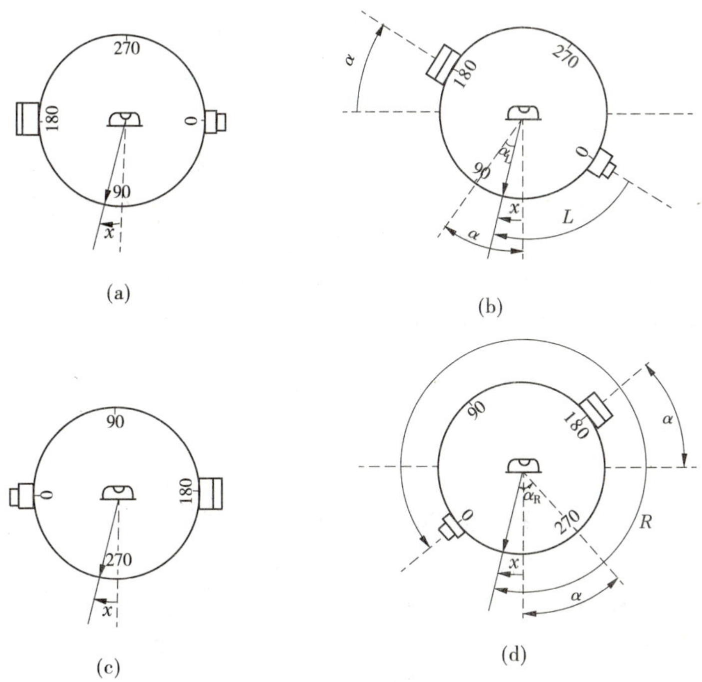

图 2-20 竖盘指标差

由于指标差的存在,使观测所得的竖直度盘读数比正确读数增大或减小了一个 x 值。图 2-20(a)所示为盘左位置,由于指标差的存在,当指标水准管气泡居中或自动补偿器归零,视线瞄准某一目标时,竖直度盘读数比正确读数大了一个 x 值。经过推导可以发现,

在测量竖直角时，用盘左盘右观测，取平均值作为竖直角的观测结果，可以消除竖直度盘指标差的影响。同时可推出竖盘指标差的计算公式为

$$x = \frac{1}{2}(\alpha_L + \alpha_R - 360°)$$

指标差的变化反映了观测成果的质量。对于 DJ_6 型经纬仪，各测回指标差互差不应超过 ±25″，如果超限，必须重测。

竖直角记录手簿的填写样例见表 2-8。

表 2-8　竖直角观测记录手簿

测站	目标	盘位	竖盘读数（°　′　″）	半测回竖直角值（°　′　″）	指标差（″）	一测回竖直角（°　′　″）	备注
O	A	左	73　44　12	+16　15　48	+12	+16　16　00	
		右	286　16　12	+16　16　12			
	B	左	114　03　42	−24　03　42	+18	−24　03　24	
		右	245　56　54	−24　03　06			

四、任务及步骤

（一）竖直角观测和指标差计算

（1）在指定地面点上安置经纬仪，进行对中、整平，转动望远镜，从读数镜中观察竖直度盘读数的变化，确定竖盘的注记形式，并在记录表中写出竖直角及竖盘指标差的计算公式。

（2）选定某一觇牌或其他明显标志作为目标。盘左，瞄准目标（用十字丝中横丝切于目标顶部或平分目标），转动竖盘水准管微动螺旋，使竖盘水准管气泡居中后，读取竖直度盘读数，用竖盘公式计算盘左半测回竖直角值 $\alpha_{左}$。

（3）盘右，作同样的观测、记录和计算，得盘右半测回竖直角值 $\alpha_{右}$。

（4）按下式计算指标差 x 及一测回竖直角 α：

$$x = \frac{1}{2}(\alpha_{左} - \alpha_{右})$$

$$\alpha = \frac{1}{2}(\alpha_{左} + \alpha_{右})$$

（5）每人应至少向同一目标观测两测回，或向两个不同目标各观测一测回，指标差对某一仪器应为一常数，因此各次测得指标差互差不应超过 ±25″。

（二）指标差的检验与校正

（1）检验各测回观测算得指标差互差是否超限，剔除离群值，取其平均数，作为该仪器的竖盘指标差 x。如果 x 的绝对值大于 60″，则需要进行指标差的校正。

（2）指标差的校正方法如下：以盘右瞄准原目标，转动竖盘水准管微动螺旋，将原竖直度盘读数调整到指标差校正后的读数（原读数加或减指标差），拨动竖盘水准管校正螺丝，使气泡居中。反复检校，直至指标差小于规定的数值。

（3）对于有竖盘指标自动归零补偿器的经纬仪，仍会有指标差存在。检验计算方法

同上。算得盘左或盘右经指标差改正的读数后,校正的方法如下:打开校正小窗口的盖板,有两个校正螺丝,等量相反转动(先松后紧)两螺丝,可以使竖盘读数调整至经指标差改正后的读数。

五、注意事项

(1)进行竖直角观测瞄准目标时,横丝应通过目标的几何中心(如觇牌)或切于目标的顶部(如标杆);每次竖直度盘读数前,应使竖盘水准管气泡居中。

(2)计算竖直角和指标差时,应注意正、负号。

(3)竖直角观测和竖盘指标差计算应记录于实训报告七竖直角观测记录中,作为实训成果上交。

实训八　视距测量及视距、三角高程计算

一、目的和要求

(1)掌握视距测量的观测方法。

(2)熟悉视线水平与视线倾斜情况下的视距计算公式及计算方法。

二、计划和设备

(1)实训安排 4 学时。实训小组由 5 人组成,1 人操作仪器,1 人记录,1 人立尺,轮流操作。

(2)每组配备 DS_3 级微倾式水准仪 1 台,水准尺 1 根,卷尺 1 把,记录板 1 块。

三、知识准备

视距测量是利用望远镜内的视距装置配合视距尺,根据几何光学和三角测量原理,同时测定距离和高差的方法。最简单的视距装置是在测量仪器(如经纬仪、水准仪)的望远镜十字丝分划板上刻制上、下对称的两条短线,称为视距丝,如图 2-21 所示。视距测量中的视距尺可用普通水准尺,也可用专用视距尺。

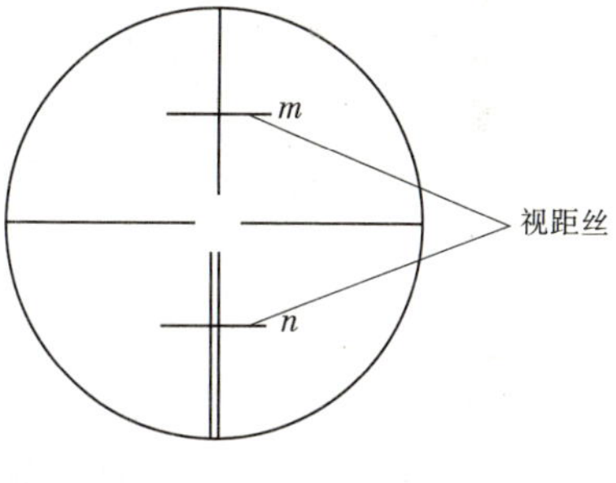

图 2-21　视距丝

视距测量一般为 1/200 ~ 1/300,精密视距测量可达 1/2 000。视距测量用一台经纬仪即可同时完成两点间的平距和高差的测量,操作简便。当地形起伏较大时,常用于碎部测量和图根控制网的加密。

(一)视线水平时的视距公式

目前测量上常用的望远镜是内调焦望远镜。图 2-22 为内调焦望远镜原理。

R 为视距尺,L_1 为望远镜物镜,焦距为 f_1 。L_2 为调焦物镜,焦距为 f_2 。V 为仪器中心,即竖轴中心。K 为十字丝板, b 为十字丝板与调焦物镜 L_2 间的距离。δ 为仪器中心与物镜

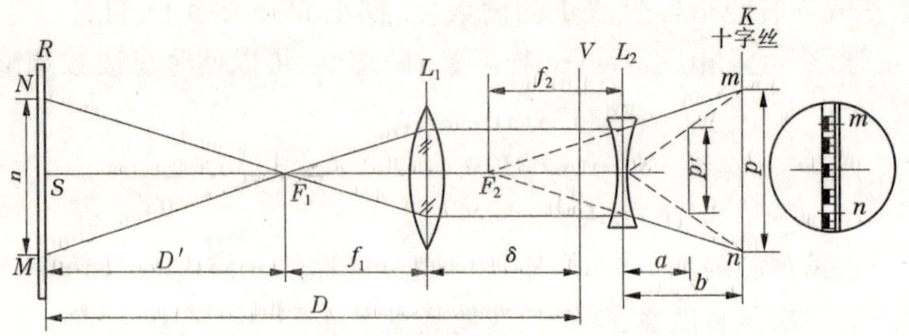

图 2-22　内调焦望远镜原理

L_1 间的距离。当望远镜瞄准视距尺时，移动 L_2 使标尺像落在十字丝面上。通过上、下两个视距丝 m 、n 就可读取视距尺上 M 、N 两点读数。其差称为尺间隔 l :

$$l = N - M$$

通过推导可得

$$D = Kl + C$$

式中　K ———视距乘常数，一般设计为 100；

　　　C ———视距加常数，其值很小，可以忽略不计。

故

$$D = Kl = 100l$$

视线水平时的高差见图 2-23，可得

$$h = i - V$$

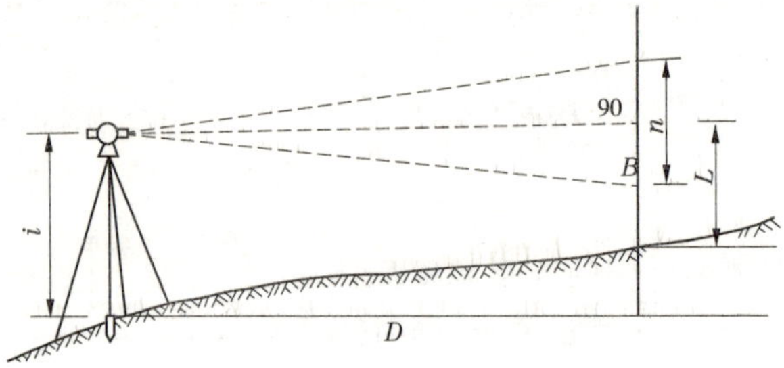

图 2-23　视线水平时的视距测量

(二) 视线倾斜时的视距公式

当地面起伏比较大、望远镜倾斜才能瞄到视距尺时（见图 2-24），视线不再垂直于视距尺。因此，需要将 B 点视距尺的尺间隔 l，即 M 、N 读数差，化算为垂直于视线的尺间隔 l'，即图中 M' 、N' 的读数差。求出斜距 D'，然后求水平距离 D 。

设视线竖直角为 α，由于十字丝上、下丝的间距很小，视线夹角约为 34″，故可以将 $\angle EM'M$ 和 $\angle EN'N$ 近似看成直角。$\angle MEM' = \angle NEN' = \alpha$ 。从图 2-24 中可见水平距离 B 为

$$D = D'\cos\alpha = Kl\cos^2\alpha$$

初算高差 h' 为

$$h' = D'\sin\alpha = Kl\cos\alpha\sin\alpha = \frac{1}{2}Kl\sin2\alpha$$

A、B 两点高差为

$$h = h' + i - V = \frac{1}{2}Kl\sin2\alpha + i - V$$

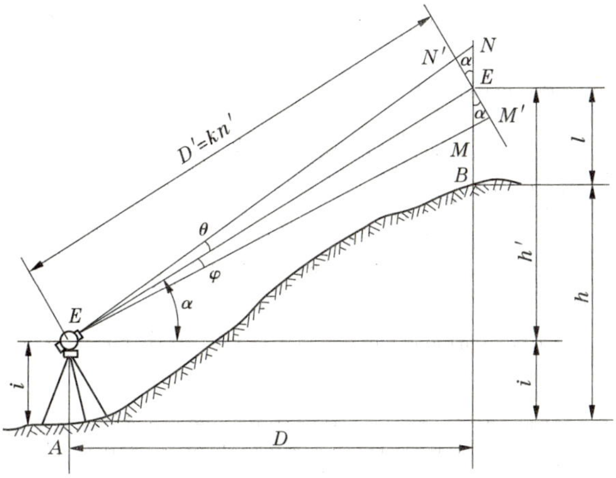

图 2-24　视线倾斜时视距测量

四、任务及步骤

(1)在实习场地选择一测点 A,在 A 点上安置经纬仪(对中、整平)。

(2)用卷尺量取经纬仪高 i(自桩顶量至望远镜横轴中心),填入记录手簿。

(3)司尺员将视距尺立于待测点 B 上。

(4)瞄准标尺,调节竖盘微动螺旋,使竖盘指标水准管气泡居中后,分别读取下丝、上丝,并将视线大致水平(竖盘读数为 90°或 270°),分别读取下丝读数 N、上丝读数 M、中丝读数 V 和竖盘读数 L,记入观测手簿。

(5)分别计算测站点 A 和标尺点 B 之间的水平距离和高差:

$$D_{AB} = KL\cos^2\alpha,\quad h_{AB} = D_{AB}\tan\alpha + i - V$$

其中:$K = 100$;$l = |M - N|$,即用上下丝读数相减取绝对值;$\alpha = 90° - L$(度盘顺时针刻划);i 为仪器高;V 即中丝在视距尺上的读数。

视距测量计算的结果写入视距测量记录表中。

(6)每组同学各人轮换测量周围五个固定点(自己选定点后做标记),将观测数据记录在视距测量观测数据记录表中,用电子计算器计算出水平距离和高差。

五、注意事项

(1)为减少垂直折光的影响,观测时应尽可能使视线离地面 1 m 以上。

(2)作业时,要将视距尺竖直,并尽量采用带有水准器的视距尺。

(3)对于初学者,为便于观测,选取的 A、B 两点相距不宜过远,以 60 ~70 m 为宜。

(4)视距尺一般应是厘米刻划的整体尺。如果使用塔尺,应注意检查各节尺的接头是否准确。

(5)要在成像稳定的情况下进行观测。

实训九　导线测量

一、目的和要求

(一)实习目的

(1)掌握导线的外业测量工作,选点、水平角测量、距离测量等。

(2)规范测量外业的记录计算。

(3)掌握导线计算的方法和步骤。

(4)培养学生理论联系实际的能力、动手能力、实事求是的科学态度、刻苦耐劳的工作作风和团结友爱互相协作的团队精神,培养一丝不苟的测绘工作态度。

(二)实习要求

(1)进行四等水准测量,并进行外业观测成果的演算,取得合格的外业观测资料。

(2)进行水平角、竖直角的观测,并进行外业观测成果的演算,取得合格的外业观测资料。

(3)进行水平距离的观测,并进行外业观测成果的演算,取得合格的外业观测资料。

(4)进行角度、距离、高程的平差计算。

(5)进行导线的内业成果计算。

(三)实习上交的资料

要求小组上交成果及资料有:

(1)四等水准测量手簿1份。

(2)闭合水准路线计算表1份。

(3)测回法水平角观测手簿1份。

(4)钢尺量距记录手簿1份。

(5)闭合导线平差计算表1份。

要求个人上交成果有:实习报告1份,要求说明整个测量的顺序及各阶段中的工作内容和体会,并最好能对测量方法提出建议。

二、计划和设备

(1)实训内容:沿校园布设12个控制点,形成闭合导线,经过高程控制测量、平面控制测量,最终计算出各个控制点的平面坐标和相对高程,为地形图测图实训做前期准备。

(2)人员计划:4~5人为一小组,每组选出一名组长负责本组的测量安排工作,组长应对组员安排有致,做到充分利用。

(3)仪器设备:DS_3型微倾式水准仪、DJ_6型光学经纬仪、测钎、钢尺、函数型计算器、三角板、大头针若干、有关记录计算表格、橡皮擦等。

(4)时间计划:12课时。

三、知识准备

(一)平面控制测量

1. 导线的布网形式

导线是由若干条直线连成的折线,每条直线叫导线边,相邻两直线之间的水平角叫做转折角。测定了转折角和导线边长之后,即可根据已知坐标方位角和已知坐标算出各导线点的坐标。按照测区的条件和需要,导线可以布置成下列几种形式。

1)附合导线

如图 2-25 所示,导线起始于一个已知控制点,而终止于另一个已知控制点。控制点上可以有一条边或几条边是已知坐标方位角的边,也可以没有已知坐标方位角的边。

2)闭合导线

如图 2-26 所示,由一个已知控制点出发,最后仍旧回到这一点,形成一个闭合多边形。在闭合导线的已知控制点上必须有一条边的坐标方位角是已知的。

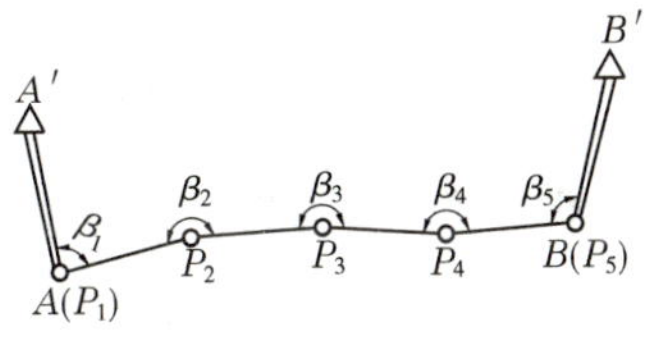

图 2-25　附合导线

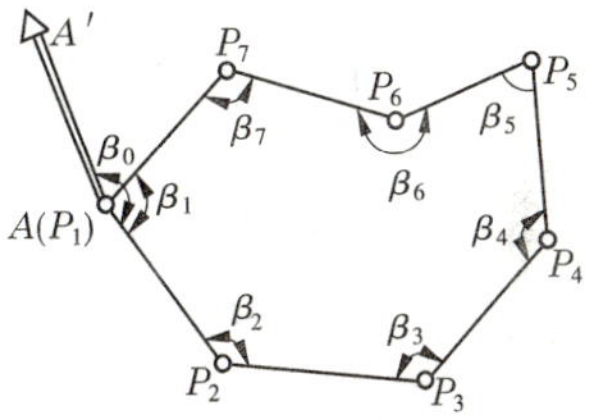

图 2-26　闭合导线

3)支导线

如图 2-27 所示,从一个已知控制点出发,既不符合到另一个控制点,也不回到原来的始点。由于支导线没有检核条件,故一般只限于地形测量的图根导线中采用。

2. 导线测量的外业观测

导线测量的外业包括踏勘、选点及埋设标志,测角,测边,测定方向。

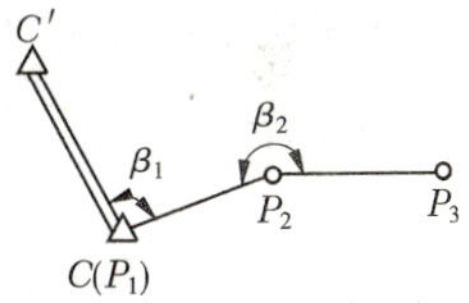

图 2-27　支导线

1)踏勘、选点及埋设标志

踏勘是为了了解测区范围、地形及控制点情况,以便确定导线的形式和布置方案;选点应考虑便于导线测量、地形测量和施工放样。选点的原则为:

(1)相邻导线点间必须通视良好。

(2)等级导线点应便于加密图根点,导线点应选在地势高、视野开阔、便于碎步测量的地方。

(3)导线边长大致相同。

(4)密度适宜、点位均匀、土质坚硬、易于保存和寻找。

选好点后应直接在地上打入木桩。桩顶钉一小铁钉或画"+"作点的标志。必要时在木桩周围灌上混凝土(见图 2-28(a))。如导线点需要长期保存,则应埋设混凝土桩或标石(见图 2-28(b))。埋桩后应统一进行编号。为了今后便于查找,应量出导线点至附近明显地物的距离。绘出草图,注明尺寸,称为点之记(见图 2-28(c))。

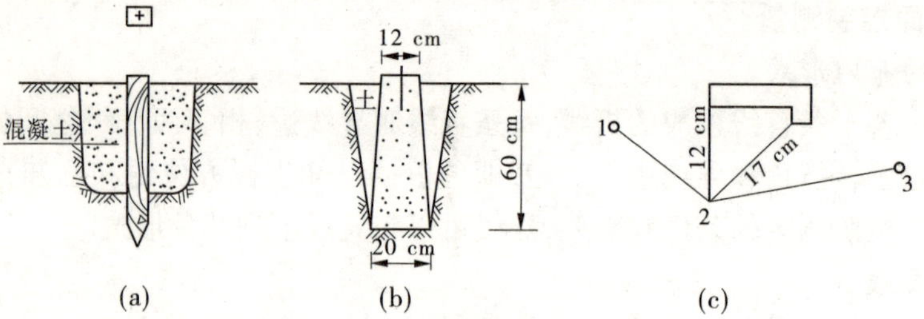

图 2-28 导线点标志和点之记

2)测角

可测左角,也可测右角,闭合导线测内角。

3)测边

传统导线边长可采用钢尺、测距仪(气象、倾斜改正)、视距法等方法。随着测绘技术的发展,目前全站仪已成为距离测量的主要手段。

4)测定方向

测区内有国家高级控制点时,可与控制点联测推求方位,包括测定联测角和联测边;当联测有困难时,也可采用罗盘仪测磁方位或陀螺经纬仪测定方向。

3. 导线测量的内业计算

1)坐标的正算和反算

如图 2-29 所示,已知一点 A 的坐标 x_A、y_A、边长 D_{AB} 和坐标方位角 α_{AB},求 B 点的坐标 x_B、y_B,称为坐标正算问题。由图 2-29 可知

$$\begin{cases} x_B = x_A + \Delta x_{AB} \\ y_B = y_A + \Delta y_{AB} \end{cases} \tag{2-1}$$

式中,Δx 称为纵坐标增量,Δy 称为横坐标增量,是边长在坐标轴上的投影,即

$$\begin{cases} \Delta x_{AB} = D_{AB}\cos\alpha_{AB} \\ \Delta y_{AB} = D_{AB}\sin\alpha_{AB} \end{cases} \tag{2-2}$$

Δx、Δy 的正负取决于 $\cos\alpha$、$\sin\alpha$ 的符号,要根据 α 的大小、所在象限来判别,如图 2-30 所示。按式(2-1)又可写成

$$\begin{cases} x_B = x_A + D_{AB}\cos\alpha_{AB} \\ y_B = y_A + D_{AB}\sin\alpha_{AB} \end{cases} \tag{2-3}$$

如图 2-29 所示,设已知两点 A、B 的坐标,求边长 D_{AB} 和坐标方位角 α_{AB},称为坐标反算。则可得

$$\alpha_{AB} = \tan^{-1}\frac{\Delta y_{AB}}{\Delta x_{AB}} \tag{2-4}$$

$$D_{AB} = \sqrt{\Delta x_{AB}^2 + \Delta y_{AB}^2} \tag{2-5}$$

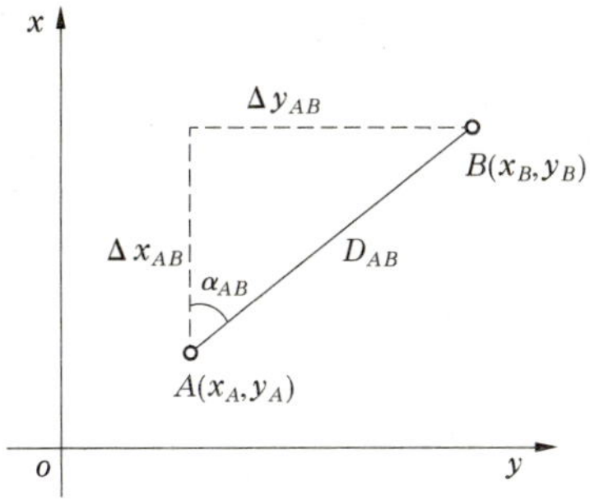

图 2-29 坐标正、反算

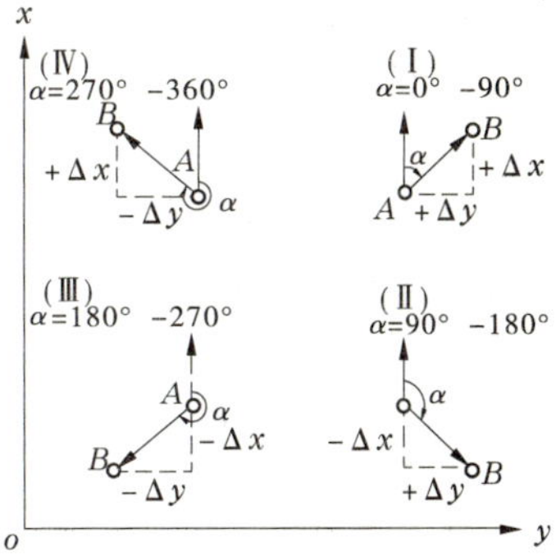

图 2-30 坐标增量的正负

式中，$\Delta x_{AB} = x_B - x_A$，$\Delta y_{AB} = y_B - y_A$。

由式(2-4)求得的 α 可在四个象限之内，它由 Δy 和 Δx 的正负符号确定，即在第一象限时

$$\alpha = \cot \frac{\Delta y}{\Delta x}$$

在第二象限时 $$\alpha = 180° + \cot \frac{\Delta y}{\Delta x}$$

在第三象限时 $$\alpha = 180° + \cot \frac{\Delta y}{\Delta x}$$

在第四象限时 $$\alpha = 360° + \cot \frac{\Delta y}{\Delta x}$$

2）闭合导线的坐标计算

导线计算的目的是推算各导线点的坐标 x_i、y_i。下面结合实例介绍闭合导线的计算方法。计算前必须按技术要求对观测成果进行检查和核算。然后将观测的内角、边长填入表 2-9 中的(2)、(6)栏，起始边方位角和起点坐标值填入(5)、(11)、(12)栏顶上格(带有双横线的值)。对于四等以下导线，角值取至秒，边长和坐标取至毫米，图根导线、边长和坐标取至厘米，并绘出导线草图。在表内进行计算。

(1)度度闭合差的计算与调整。n 边形内角和的理论值 $\sum\beta_{理} = (n-2) \times 180°$。由于测角误差，使得实测内角和 $\sum\beta_{测}$ 与理论值不符，其差称为角度闭合差，以 f_β 表示，即

$$f_\beta = \sum \beta_{测} - (n-2) \times 180° \tag{2-6}$$

当 $f_\beta \leqslant f_{\beta容}$ 时，可进行闭合差调整，将 f_β 以相反的符号平均分配到各观测角去。其角度改正数为

$$v_\beta = -\frac{f_\beta}{n} \tag{2-7}$$

当 f_β 不能整除时，则将余数凑整到测角的最小位分配到短边大角上去。改正后的角值为

$$\beta_i = \beta_i' + v_\beta \tag{2-8}$$

调整后的角值(填入表中 4 栏)必须满足：$\sum\beta = (n-2) \times 180°$，否则表示计算有误。

表 2-9　闭合导线坐标计算

点号	观测角 (° ′ ″)	改正数 (″)	改正后的角值 (° ′ ″)	坐标方位角 α(° ′ ″)	边长 (m)	增量计算值(m) Δx	增量计算值(m) Δy	改正后增量值(m) Δx	改正后增量值(m) Δy	坐标(m) x	坐标(m) y
(1)	(2)	(3)	(4)	(5)	(6)	(7)	(8)	(9)	(10)	(11)	(12)
1										500.00	500.00
				124 59 43	105.22	−3 −60.34	+2 +86.20	−60.37	+86.22		
2	107 48 30	+13	107 48 43							439.63	586.22
				52 48 26	80.18	−2 +48.47	+2 +63.87	+48.45	+63.89		
3	73 00 20	+12	73 00 32							488.08	650.11
				305 48 58	129.34	−3 +75.69	+2 −104.88	+75.66	−104.86		
4	89 33 50	+12	89 34 02							563.74	545.25
				215 23 00	78.16	−2 −63.72	+1 −45.26	−63.74	−45.25		
1	89 36 30	+13	89 36 43							500.00	500.00
				124 59 43							
2											
Σ	359 59 10	50	360 00 00		392.90	+0.1	−0.07	0.00	0.00		

辅助计算：

$$f_\beta = \sum\beta - (4-2)\times180 = -50'' \qquad f_{\beta限} = \pm30''\sqrt{n} = 60''$$

$$f_x = \sum\Delta x_{测} = +0.1 \qquad f_y = \sum\Delta y_{测} = -0.07 \qquad f_D = \sqrt{f_x^2+f_y^2} = 0.12\ \text{m}$$

$$K = \frac{f_D}{\sum D} = \frac{1}{3\,200} \qquad 容许相对闭合差：\frac{1}{2\,000}$$

导线略图

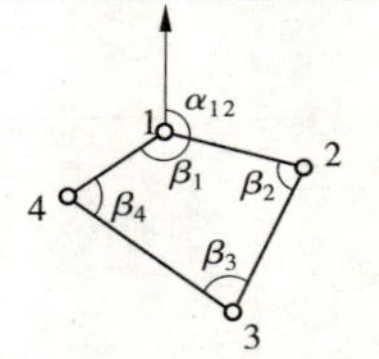

(2)各边坐标方位角推算。根据导线点编号,导线内角(右角)改正值和起始边可按式(2-5)计算,$\alpha_{前}=\alpha_{后}-\beta_{右}+180°$,依次计算 α_{23}、α_{34}、α_{41},直到回到起始边 α_{12}(填入表(5)栏)。经校核无误,方可继续往下计算。

(3)坐标增量计算及其他闭合差调整。根据各边长及其方位角,即可按式(2-2)计算出相邻导线点的坐标增量(填入(9)、(8)栏)。如图 2-31 所示,闭合导线纵横坐标增量总和的理论值应等于零,即

$$\sum \Delta x_{理}=0$$

$$\sum \Delta y_{理}=0$$

由于量边误差和改正角值的残余误差,其计算的观测值 $\sum \Delta x_{测}$、$\sum \Delta y_{测}$ 不等于零,与理论值之差称为坐标增量闭合差,即

$$\begin{cases} f_x=\sum \Delta x_{测}-\sum \Delta x_{理}=\sum \Delta x_{测} \\ f_y=\sum \Delta y_{测}-\sum \Delta y_{理}=\sum \Delta y_{测} \end{cases} \tag{2-9}$$

如图 2-32 所示,f_x、f_y 的存在使得导线不闭合而产生 f,称为导线全长闭合差,即

$$f=\sqrt{f_x^2+f_y^2} \tag{2-10}$$

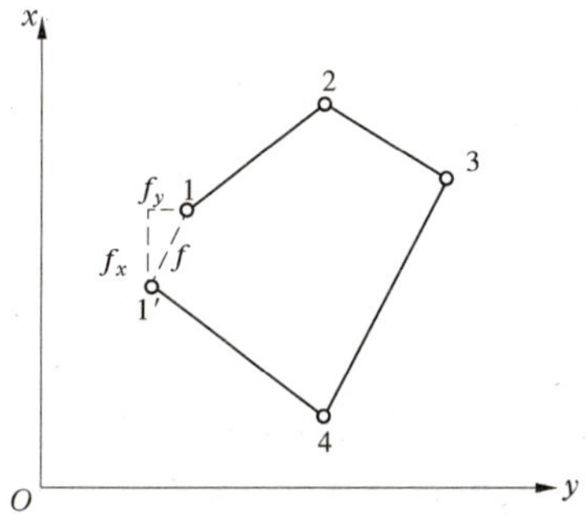

图 2-31 坐标增量闭合差

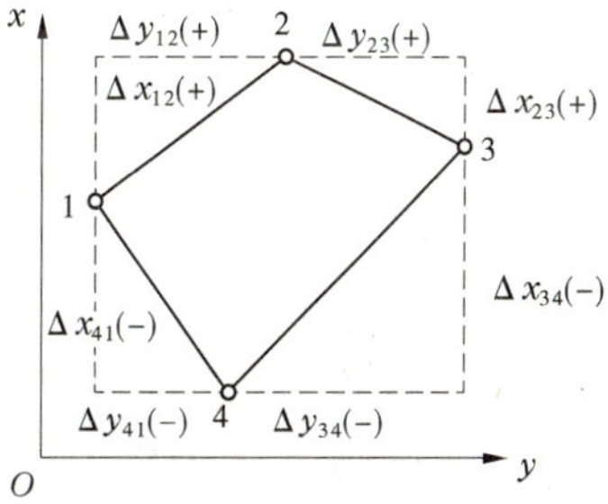

图 2-32 导线全长闭合差

f 值与导线长短有关。通常以全长相对闭合差 k 来衡量导线的精度。即

$$k=\frac{f}{\sum D}=\frac{1}{\frac{\sum D}{f}}$$

式中,$\sum D$ 为导线全长((6)栏总和)。当 k 在容许值范围内,可将 f_x、f_y 以相反符号按边长成正比分配到各增量中去,其改正数为

$$v_{xi}=\left(-\frac{f_x}{\sum D}\right)D_i \tag{2-11a}$$

$$v_{yi}=\left(-\frac{f_y}{\sum D}\right)D_i \tag{2-11b}$$

按增量的取位要求,改正数凑整至厘米或毫米(填入(9)、(8)栏相应增量计算值尾数的上方),凑整后的改正数总和必须与反号的增量闭合差相等。然后将表中(7)、(8)栏相应的

增量计算值加改正数计算改正后的增量(填入(9)、(10)栏)。

(4)坐标计算。根据起点已知坐标和改正后的增量,按式(2-1)依次计算点2、3、4直至回1点的坐标(填入(11)、(12)栏),以便检查。

3)附合导线的坐标计算

计算步骤与闭合导线完全相同,但计算方法中,唯有$\sum\beta_{理}$、$\sum\Delta x_{理}$、$\sum\Delta y_{理}$三项不同,现分述如下:

(1)角度闭合差f_β中$\sum\beta_{理}$的计算。已知始边和终边方位角$\alpha_{A'A}$、$\alpha_{B'B}$,导线各转折角(左角)β的理论值应满足下列关系式:

$$\alpha_{A2} = \alpha_{A'A} - 180° + \beta_1$$

$$\alpha_{23} = \alpha_{12} - 180° + \beta_2$$

将上列式取和,得

$$\alpha_{B'B} = \alpha_{A'A} - 5 \times 180° + \sum\beta$$

式中$\sum\beta$即为各转折角(包括连接角)理论值的总和。写成一般式,则

$$\sum\beta_{理}^{左} = \alpha_{终} - \alpha_{始} + n180° \tag{2-12}$$

同理,为右角时

$$\sum\beta_{理}^{右} = \alpha_{始} - \alpha_{终} + n180° \tag{2-13}$$

(2)坐标增量f_x、f_y闭合差中$\sum\Delta x_{理}$、$\sum\Delta y_{理}$的计算。由附合导线图可知,导线各边在纵横坐标轴上投影的总和,其理论值应等于终、始点坐标之差,即

$$\begin{cases}\sum\Delta x_{理} = x_{终} - x_{始} \\ \sum\Delta y_{理} = y_{终} - y_{始}\end{cases} \tag{2-14}$$

(二)高程控制测量

1. 三、四等水准测量

三、四等水准网作为测区的首级控制网,一般应布设成闭合环线,然后用附合水准路线和结点网进行加密。只有在山区等特殊情况下,才允许布设水准支线。

水准路线一般尽可能沿铁路、公路及其他坡度较小、施测方便的路线布设。尽可能避免穿越湖泊、沼泽和江河地段。水准点应选择土质坚实、地下水位低、易于观测的位置。凡易受淹没、潮湿、震动和沉陷的地方,均不宜作水准点位置。水准点选定后,应埋设水准标石和水准标志,并绘制点之记,以便日后查询。

水准路线长度和水准点的间距,可参照表2-10的规定。对于工矿区,水准点的距离还可适当的减小。一个测区至少应埋设三个水准点。

表2-10　三、四等水准路线长度和水准点间距

水准点间距	建筑物	1~2 km
	其他地区	2~4 km
环线或附合于高级点水准路线的最大长度	三等	50 km
	四等	16 km

三、四等水准测量的观测程序、记录计算、校核方法以及技术要求详见教程。现就测量中的实施要点作进一步的说明。

(1)三等水准测量必须进行往返观测。当使用 DS_1 和因瓦标尺时,可采用单程双转点观测,观测程序仍按后—前—前—后,即黑—黑—红—红。

(2)四等水准测量除支线水准必须进行往返和单程双转点观测外,对于闭合水准和附合水准路线,均可单程观测。每个观测程序也可分为后—后—前—前,即黑—红—黑—红。采用单面尺,用后—前—前—后的读数程序时,在两次前视之间必须重新整置仪器,用双仪高法进行测站检查。

(3)三、四等水准测量每一测段的往测和返测,测站数均应为偶数,否则应加入标尺点误差改正。由往测转向返测时,两根标尺必须互换位置,并应重新安置仪器。

(4)在每一测站上,三等水准测量不得两次对光。四等水准测量尽量少作两次对光。

(5)工作间歇时,最好能在水准点上结束观测。否则应选择两个坚固可靠、便于放置标尺的固定点作为间歇点,并作出标记。间歇后,应进行检查。如检查两点间歇点高差不符值三等水准小于 3 mm,四等小于 5 mm,则可继续观测。否则须从前一水准点起重新观测。

(6)在一个测站上,只有当各项检核符合限差要求时,才能迁站。如其中有一项超限,可以在本站立即重测,但须变更仪器高。如果仪器已迁站后才发现超限,则应重测前一水准点或间歇点。

(7)当每千米测站数小于 15 时,闭合差按平地限差公式计算;如超过 15 站,则按山地限差公式计算。

(8)当成像清晰、稳定时,三、四等水准的视线长度,可容许按规定长度放大 20%。

(9)水准网中,结点与结点之间或结点与高级点之间的附合水准路线长度,应为规定的 0.7 倍。

(10)当采用单面标尺进行三、四等水准观测时,变更仪器高前后所测两尺垫高差之差的限制,与红黑面所测高差之差的限差相同。

2. 三角高程测量

三角高程测量是根据两点间的水平距离或斜距离以及竖直角按照三角公式来求出两点间的高差。如图 2-33 所示,已知 A 点高程 H_A,欲求 B 点高程 H_B,在 A 点安置经纬仪或测距仪,仪器高为 i_A,在 B 点设置觇标或棱镜。其高度为 v_B,望远镜瞄准觇标或棱镜的竖直角为 α_A,则 A、B 两点的高差为

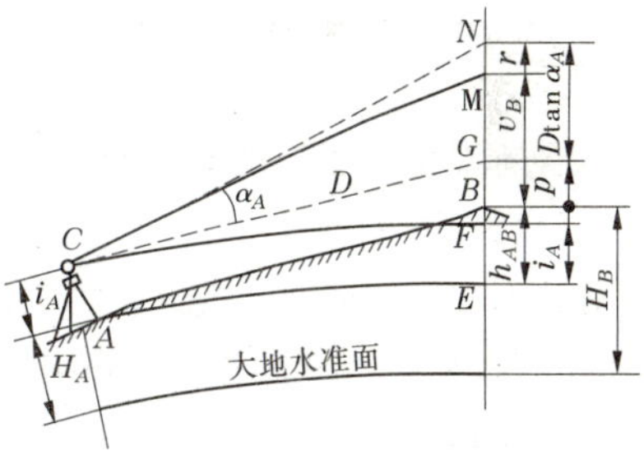

图 2-33 三角高程测量

$$h_{AB} = h' + i_A - v_B$$

式中的 h' 计算因观测方法不同而异。利用平面控制已知的边长 D,用经纬仪测量竖角 α 求两点高差,称为经纬仪三角高程测量,$h' = D\tan\alpha$;利用测距仪测定斜距 S 和 α,求算 h_{AB},称为光电测距三角高程测量,它通常与测距仪导线一道进行,$h' = S\sin\alpha$。此外,当 AB 距离较长时,还须加上地球曲率和大气折光的合成影响,称为球气差。按式 $f = 0.43D^2/R$,故上式写为

$$h_{AB} = D\tan\alpha_A + i_A - v_A + f_A \tag{2-15}$$

和

$$h_{AB} = S\sin\alpha_A + i_A - v_A + f_A \tag{2-16}$$

为了消除或削弱球气差的影响，通常三角高程进行对向观测。由 A 向 B 观测得 h_{AB}，由 B 向 A 观测得 h_{BA}，当两高差的校差在容许值内，则取其平均值，得

$$h_{AB} = \frac{1}{2}(h_{AB} - h_{BA}) = \frac{1}{2}[(h' - h'') + (i_A - i_B) + (v_A - v_B) + (f_A - f_B)]$$

当外界条件相同时，$f_A = f_B$，上式的最后一项为零，消除其影响。但在检查高差校差时，计算中仍须加入球气差改正，这一点应引起注意。最后，B 点高程为

$$H_B = H_A + h_{AB}$$

三角高程控制网一般是在平面网的基础上，布设成三角高程网或高程导线。为保证三角高程网的精度，应采用四等水准测量联测一定数量的水准点，作为高程起算数据。三角高程网中任一点到最近高程起算点的边数，当平均边长为 1 km 时，不超过 10 条，平均边长为 2 km 时，不超过 4 条。竖直角观测是三角高程测量的关键工作，对竖直角观测的要求见表 2-11。为减少垂直折光变化的影响，应避免在大风或雨后初晴时观测，也不宜在日出后和日落前 2 h 内观测，在每条边上均应作对向观测。觇标高和仪器高用钢尺丈量两次，读至毫米，其较差对于四等三角高程不应大于 2 mm，对于五等三角高程不大于 4 mm。

表 2-11　光电测距三角高程测量主要技术要求

等级	仪器	竖直角测回数（中丝法）	指标差较差（″）	竖直角较差（″）	对向观测高差较差（mm）	附合路线或环线闭合差（mm）
四等	DJ_2	3	≤7	≤7	$40\sqrt{D}$	$20\sqrt{\sum D}$
五等	DJ_2	2	≤10	≤10	$60\sqrt{D}$	$30\sqrt{\sum D}$
图根	DJ_6	2	≤25	≤25	$80\sqrt{D}$	$40\sqrt{\sum D}$

注：D 为光电测距边长度，km。

三角高程路线各边的高差计算见表 2-12。高差计算后再计算路线闭合差，并进行闭合差的分配和高程的计算。

光电测距三角高程测量的精度较高，且可提高工效，故应用较广。高程路线应起闭于高级水准点，高程网或高程导线的边长应不大于 1 km，边数不超过 6 条。竖直角用 DJ_2 型经纬仪，在四等高程测 3 个测回，五等测 2 个测回。距离应采用标称精度不低于（5 mm + 5×10^{-6}）的测距仪，四等高程测往返各一测回，五等测一个测回。光电测距三角高程测量的各项技术要求见表 2-11。

四、方法和步骤

（一）外业

（1）踏勘选点。

（2）用四等水准测量的方法进行高程控制观测，并进行平差计算。

（3）用经纬仪测回法进行水平角的观测，并进行平差计算。

表 2-12　三角高程路线高差计算

测站点	Ⅲ10	401	401	402	402	Ⅲ12
觇点	401	Ⅲ10	402	401	Ⅲ12	402
觇法	直	反	直	反	直	反
α	+3°24′15″	-3°22′47″	-0°47′23″	+0°46′56″	+0°27′32″	-0°25′58″
S(m)	577.157	577.137	703.485	703.490	417.653	417.697
$h'=S\sin\alpha$(m)	+34.271	-34.024	-9.696	+9.604	+3.345	-3.155
i(m)	1.565	1.537	1.611	1.592	1.581	1.601
v(m)	1.695	1.680	1.590	1.610	1.713	1.708
$f=0.34\dfrac{D^2}{R}$(m)	0.022	0.022	0.033	0.033	0.012	0.012
$h=h'+i-v+f$(m)	+34.163	-34.145	-9.642	+9.942	+3.225	-3.250
$h_{平均}$(m)	+34.154		-9.630		+3.238	

（4）用钢尺量距并进行平差计算。

（二）内业

（1）高差闭合差的计算与调整。

（2）各导线点高程计算。

（3）角度闭合差的计算与调整。

（4）坐标方位角的推算。

（5）坐标增量的计算。

（6）坐标增量闭合差的计算与调整。

（7）各导线点坐标的计算。

五、注意事项

（1）本次实习为综合实习，综合运用了以前学习的内容，实习前请认真复习相关知识。

（2）本次实习需要多人合作协调进行，实习开始前，组长应召集本小组同学充分讨论和分工，以保证实习的顺利进行。

（3）记录表用铅笔填写，计算表可用中性笔、钢笔、圆珠笔等填写。

实训十　大比例尺地形图测绘

一、目的和要求

（一）实训目的

（1）巩固和加深课堂所学理论知识，培养学生理论联系实际的能力、动手能力。

（2）熟练掌握常规测量仪器（水准仪、经纬仪、钢尺等）和工具的操作及使用方法。

(3)掌握碎部测量的观测与计算方法,掌握地形测量的测、算、绘等技能。

(4)培养一丝不苟的测绘技术工作态度,培养吃苦耐劳、团结友爱、集体协作精神。

(二)实训要求

要求掌握测量仪器的使用,了解其检验和校正的方法;掌握测绘的基本技术和基本方法,提高学生的实际作业能力,学习和掌握大比例尺测图的基本概念与基本技术。

要求小组上交成果及资料有:

(1)碎部测量记录手簿1份。

(2)指定实习范围的标准图幅的1:500地形图一张。

要求个人上交成果有:实习报告1份,要求说明整个测量的顺序及各阶段中的工作内容和体会,并最好能对测量方法提出建议。

二、计划和设备

(1)实训内容:在导线测量实训的基础上进行校园地形图的碎部测量及绘图。导线点未覆盖的范围需要采用支导线或交会法进行补测。

(2)人员计划:4~5人为一小组,每组选出一名组长负责本组的测量安排工作,组长应对组员安排有致,做到充分利用。

(3)仪器计划:全站仪、图板、图纸、丁字尺等。

(4)时间计划:20学时。

三、知识准备

(一)闭合导线控制点的选取

导线点的选取应注意通视、便于测角和量边、便于保存、密度均匀、数量足够、边长大致相当等原则。详见导线测量实训。

(二)高程控制测量

利用四等水准测量的方法进行高程控制,详见导线测量实训。

(三)平面控制测量

利用经纬仪测回法测水平角,经纬仪测量竖直角,钢尺量取水平距离。详见导线测量实训。

(四)检查控制点成果、展绘控制点

测图前,应进一步检查控制点的计算成果,并且做好仪器、工具及资料的准备工作,做好测图板的准备工作。它包括图纸的准备、绘制坐标格网及展绘控制点等工作。

1.图纸准备

对于临时性测图,可将图纸用胶带直接固定在图板上进行测绘;对于需要长期保存的地形图,为了减少图纸变形,应将图纸裱糊在锌板、铝板或胶合板上。

目前,各测绘部门大多采用聚脂薄膜,其厚度为0.07~0.1 mm,表面经打毛后,便可代替图纸用来测图。

2.绘制坐标格网

为了准确地将图根控制点展绘在图纸上,首先要在图纸上精确地绘制10 cm×

10 cm 的直角坐标格网(见图 2-34)。绘制坐标格网可用坐标仪或坐标格网尺等专用仪器工具。

3. 展绘控制点

展点前,要按图的分幅位置,将坐标格网线的坐标值注在相应格网边线的外侧。展点时,先要根据控制点的坐标确定所在的方格。将图幅内所有控制点展绘在图纸上,并在点的右侧以分数形式注明点号及高程(见图 2-35)。最后用比例尺量出各相邻控制点之间的距离,与相应的实地距离比较,其差值不应超过图上 0.3 mm。

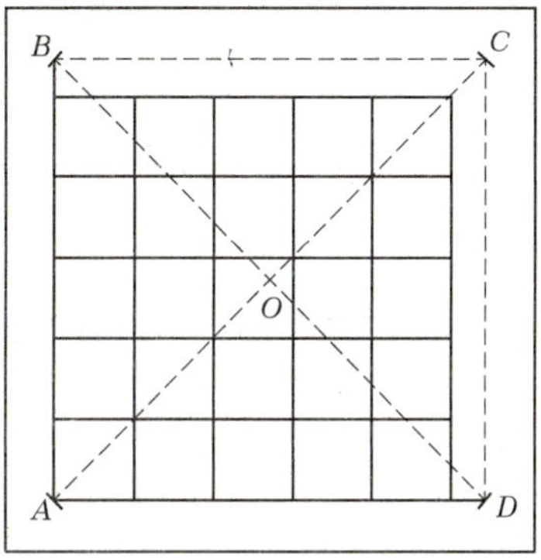

图 2-34 对角线法绘制方格网

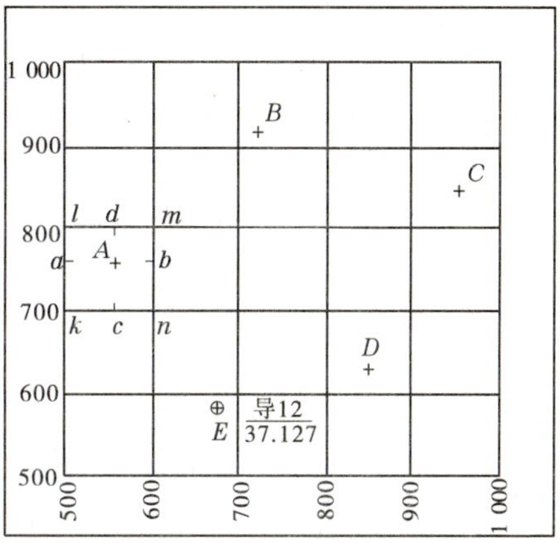

图 2-35 控制点的展绘

(五)碎部测量

利用全站仪进行碎部测量,详见全站仪实训部分。

(六)地形图绘制

1. 地形图、平面图、地图

(1)地形图。通过实地测量,将地面上各种地物、地貌的平面位置按一定的比例尺,用《地形图图式》统一规定的符号和注记,缩绘在图纸上的平面图形,既表示地物的平面位置又表示地貌形态。

(2)平面图。只表示平面位置,不反映地貌形态。

(3)地图。将地球上的自然、社会、经济等若干现象,按一定的数学法则采用综合原则绘成的图。

测量主要是研究地形图,它是地球表面实际情况的客观反映,各项建设和国防工程建设都需要首先在地形图上进行规划、设计。

2. 比例尺

1)比例尺概念

图上任一线段 d 与地上相应线段水平距离 D 之比,称为图的比例尺,即

$$\frac{d}{D} = \frac{1}{M}$$

2)比例尺种类

(1)数字比例尺。

用分子为 1 的分数式来表示的比例尺,称为数字比例尺,式中 M 称为比例尺分母,表示缩小的倍数。M 愈小,比例尺愈大,图上表示的地物地貌愈详尽。通常把 1∶500、1∶1 000、1∶2 000、1∶5 000 的比例尺称为大比例尺,1∶10 000、1∶25 000、1∶50 000、1∶100 000的称为中比例尺,小于 1∶100 000 的称为小比例尺。

(2)图示比例尺。

为了用图方便,以及减弱由于图纸伸缩引起的误差,在绘制地形图时,常在图上绘制图示比例尺(见图 2-36)。1∶1 000 的图示比例尺,绘制时先在图上绘两条平行线,再把它分成若干相等的线段,称为比例尺的基本单位,一般为 2 cm;将左端的一段基本单位十等分,每等分的长度相当于实地 2 m。而每一基本单位所代表的实地长度为 2 cm × 1 000 = 20 m。

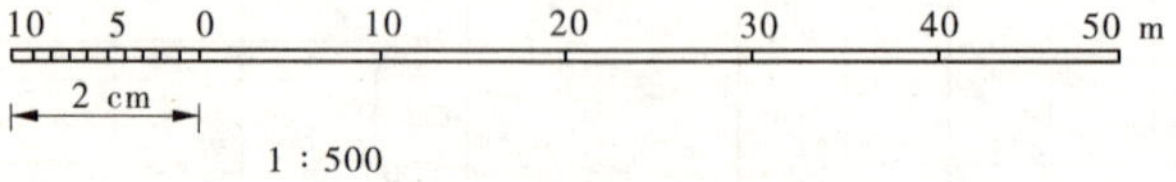

图 2-36　直线比例尺

3. 比例尺精度

1)定义

人眼正常的分辨能力,在图上辨认的长度通常认为 0.1 mm,它在地上表示的水平距离 0.1 mm × M,称为比例尺精度。

2)意义与作用

(1)比例尺精度与比例尺大小的关系。比例尺精度越高,比例尺就越大。利用比例尺精度,可以推算出测图时量距应准确到什么程度。例如,1∶1 000 地形图的比例尺精度为 0.1 m,测图时量距的精度只需 0.1 m,小于 0.1 m 的距离在图上表示不出来。反之,根据图上表示实地的最短长度,可以推算测图比例尺。例如,欲表示实地最短线段长度为 0.5 m,则测图比例尺不得小于 1∶5 000。

(2)根据甲方要求确定比例尺大小和精度要求。比例尺愈大,采集的数据信息愈详细,精度要求就愈高,测图工作量和投资往往成倍增加,因此使用何种比例尺测图,应从实际需要出发,不应盲目追求更大比例尺的地形图。

4. 地形图数学要素

数学要素包括比例尺、方格网(公里网)、分幅、编号。

(1)比例尺。

(2)方格网(公里网)。在绘制大比例尺地形图时,先要建立方格网,以 10 cm × 10 cm 绘制,当比例尺为中比例尺或小比例尺时,则绘制 2 cm × 2 cm 网格,这时称为公里网。

(3)分幅。

①梯形分幅:按经纬线分幅的梯形分幅法,它一般用于 1∶5 000 ~ 1∶100 万的中、小比例尺地图的分幅(见图 2-37)。

②矩形分幅:用纵横坐标网线划分。它一般用于城市和工程建设 1∶500 ~ 1∶2 000 的大比例尺地图的分幅(见图 2-38),图幅大小主要有 50 cm × 50 cm 或 50 cm × 40 cm,用于 1∶500、1∶1 000、1∶2 000;40 cm × 40 cm,用于 1∶5 000。

(4)编号。

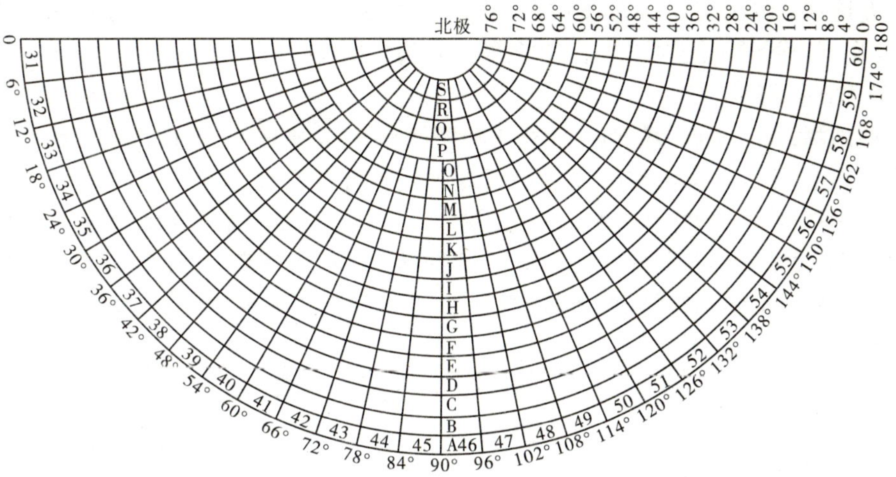

图 2-37　梯形分幅

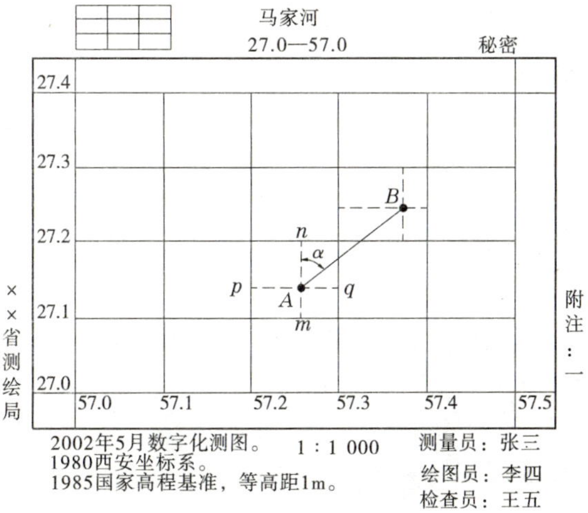

图 2-38　矩形分幅

①坐标编号法：由图幅西南角纵坐标 x 和横坐标 y 组成编号，1∶5 000 坐标值取至 km，1∶2 000、1∶ 1 000 取至 0.1 km，1∶500 取至 0.01 km。例如，某幅 1∶1 000 地形图的西南角坐标为 $x=6\ 230$ km、$y=10$ km，则其编号为 6 230.0—10.0。

②流水编号法：一般是从左到右、由上到下用阿拉伯数字编号。

③行列编号法：一般是由上到下为横行，由左到右为纵列，以一定的代号按先行后列的顺序编号。

5. 地形要素

地形是地物和地貌的总称。地形要素包括地物、地貌、图示符号。

1）地物符号

地物是地面上天然或人工形成的物体，如湖泊、河流、房屋、道路等。地物符号有下列几种。

(1)比例符号。

有些地物的轮廓较大，如房屋、稻田和湖泊等，它们的形状和大小可以按测图比例尺缩小，并用规定的符号绘在图纸上，这种符号称为比例符号。

(2)非比例符号。

有些地物，如三角点、水准点、独立树和里程碑等，轮廓较小，无法将其形状和大小按比例绘到图上，则不考虑其实际大小，而采用规定的符号表示，这种符号称为非比例符号。

非比例符号不仅形状和大小不按比例绘出，而且符号的中心位置与该地物实地的中心位置关系，也随各种不同的地物而异，在测图和用图时应注意下列几点：

①规则的几何图形符号(圆形、正方形、三角形等)，以图形几何中心点为实地地物的中心位置。

②底部为直角形的符号(独立树、路标等)，以符号的直角顶点为实地地物的中心位置。

③宽底符号(烟囱、岗亭等)，以符号底部中心为实地地物的中心位置。

④几种图形组合符号(路灯、消火栓等)，以符号下方图形的几何中心为实地地物的中心位置。

⑤下方无底线的符号(山洞、窑洞等)，以符号下方两端点连线的中心为实地地物的中心位置。各种符号均按直立方向描绘，即与南图廓垂直。

(3)半比例符号(线形符号)。

对于一些带状延伸地物(如道路、通信线、管道、垣栅等)，其长度可按比例尺缩绘，而宽度无法按比例尺表示的符号称为半比例符号。这种符号的中心线，一般表示其实地地物的中心位置，但是城墙和垣栅等，地物中心位置在其符号的底线上。

(4)地物注记。

用文字、数字或特有符号对地物加以说明者，称为地物注记。

地物符号见表2-13。

2)地貌

地貌是指地表面的高低起伏状态，它包括山地、丘陵和平原等。测量工作中通常用等高线表示。

6. 等高线

1)等高线原理

等高线是一组曲线，在图上不仅能表达地面起伏变化的形态，而且具有一定立体感。如图2-39所示，设有一座小山头的山顶被水恰好淹没时的水面高程为50 m，水位每退5 m，则坡面与水面的交线即为一条闭合的等高线，其相应高程为45 m、40 m、35 m。将地面各交线垂直投影在水平面上，按一定比例尺缩小，从而得到一组表现山头形状、大小、位置及起伏变化的等高线。所以，等高线的定义为：地面上高程相等的各相邻点相连接的闭合曲线。

用等高线表示地貌，等高距选择过大，就不能精确显示地貌；反之，选择过小，等高线密集，失去图面的清晰度。因此，应根据地形和比例尺参照表2-14选用等高距。

表 2-13　地物符号

编号	符号名称	图例	编号	符号名称	图例
1	坚固房屋 4－房屋层数	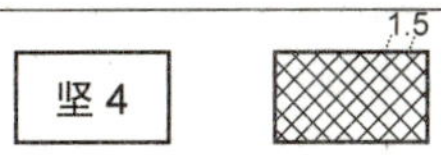	10	旱地	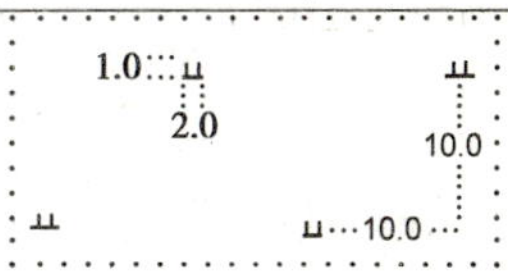
2	普通房屋 2－房屋层数	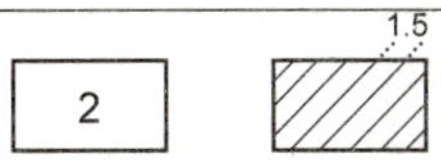	11	灌木林	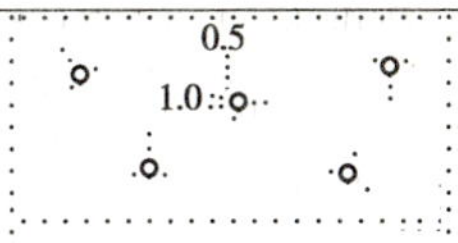
3	窑洞 1. 住人的 2. 不住人的 3. 地面下的	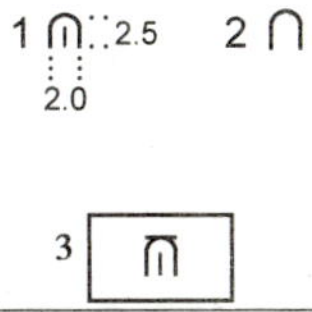	12	菜地	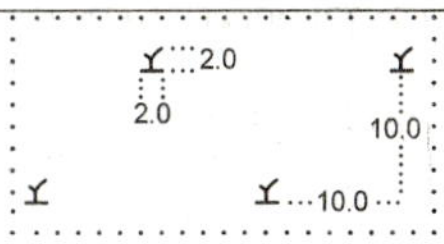
4	台阶	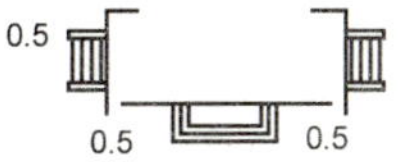	13	高压地	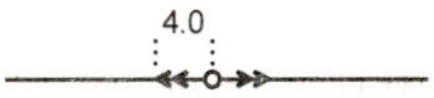
5	花圃	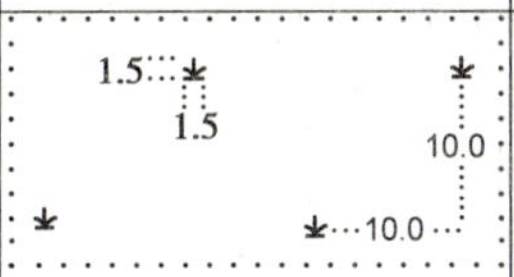	14	低压线	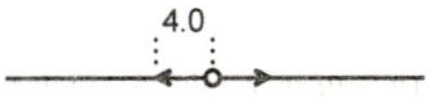
6	草地	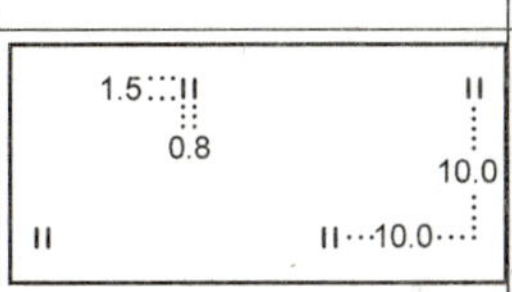	15	电杆	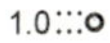
7	经济作物地	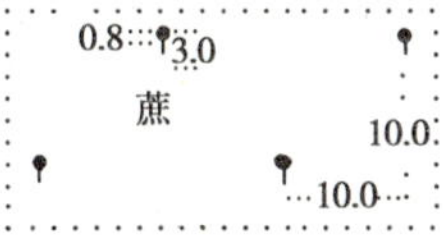	16	电线架	
8	水生经济作物地	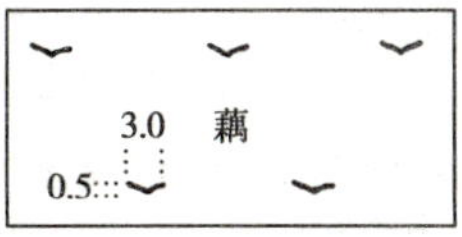	17	砖、石及 混凝土围墙	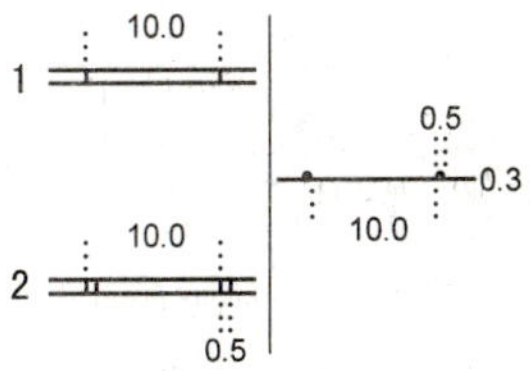
			18	土围墙	
9	水稻田	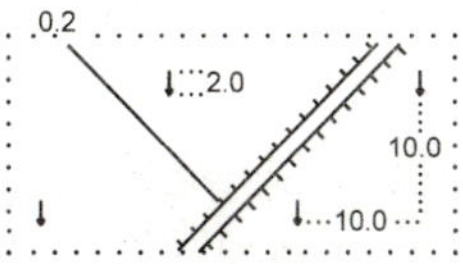	19	栅栏、栏杆	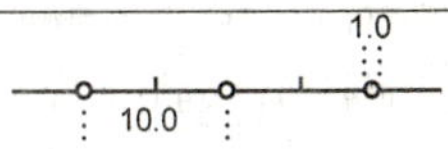
			20	篱笆	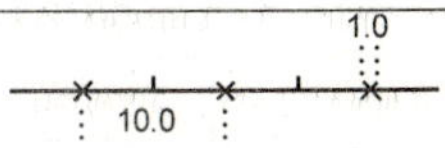

续表 2-13

编号	符号名称	图例
21	活树篱笆	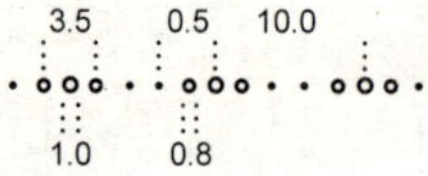
22	沟渠 1. 有堤岸的 2. 一般的 3. 有沟堑的	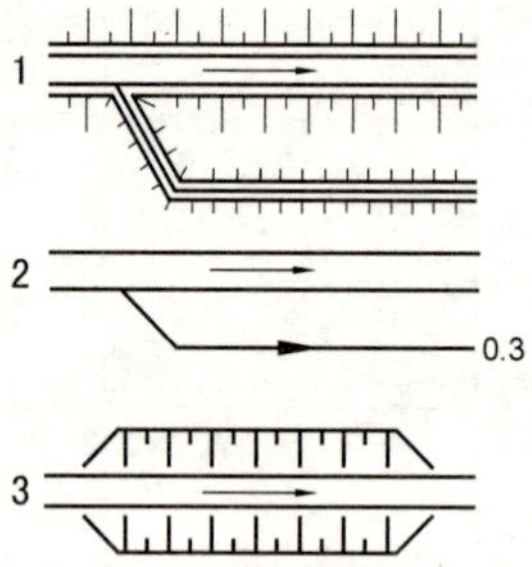
23	公路	
24	简易公路	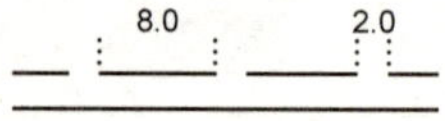
25	大车路	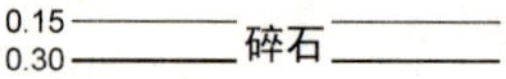
26	小路	
27	三角点 凤凰山－点名 394.468 高程	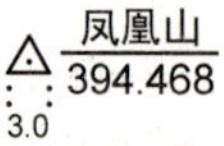
28	图视点 1. 埋石的 2. 不埋石的	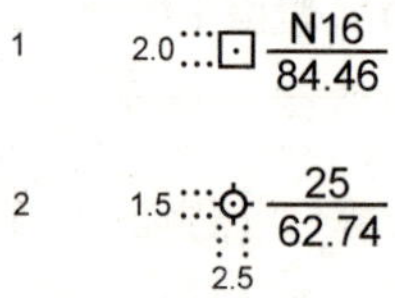
29	水准点	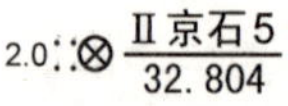
30	旗杆	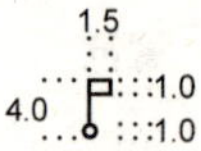
31	水塔	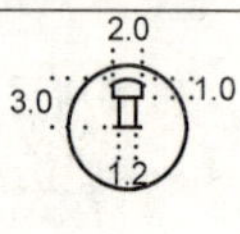
32	烟囱	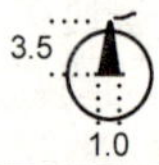
33	气象站(台)	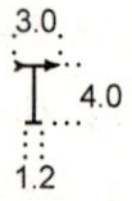
34	消火栓	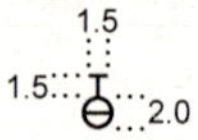
35	阀门	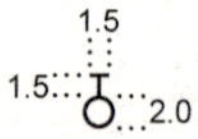
36	水龙头	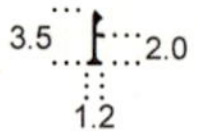
37	钻孔	
38	路灯	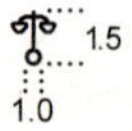
39	独立树 1. 阔叶 2. 针叶	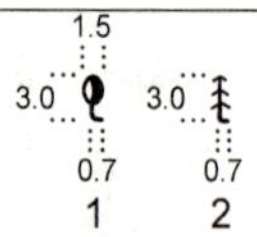
40	岗亭、岗楼	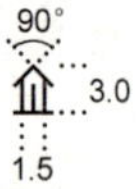
41	等高线 1. 首曲线 2. 计曲线 3. 间曲线	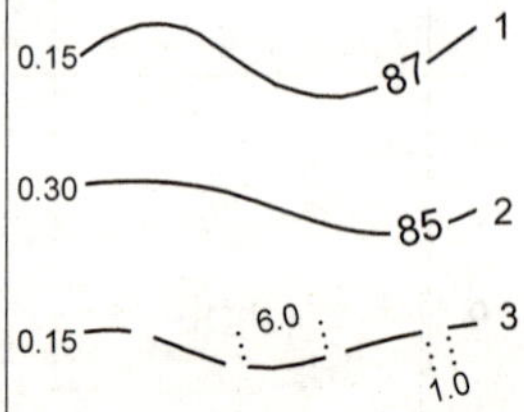

续表 2-13

编号	符号名称	图例	编号	符号名称	图例
42	示坡线		45	陡崖 1. 土质的 2. 石质的	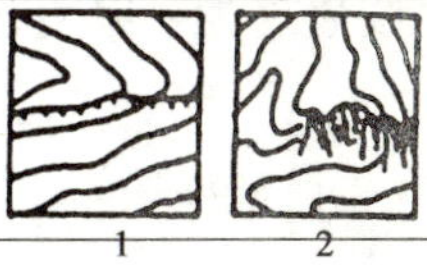
43	高程点及其注记	0.5·163.2　　75.4	46	冲沟	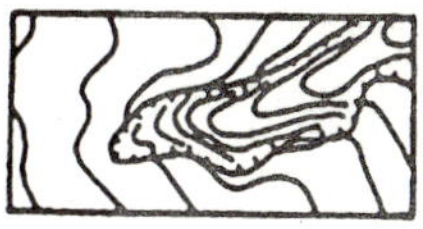
44	滑坡	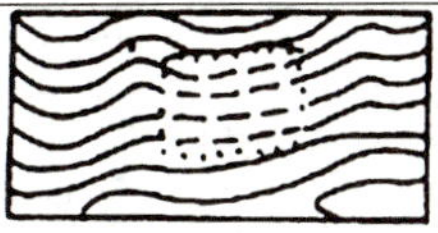			

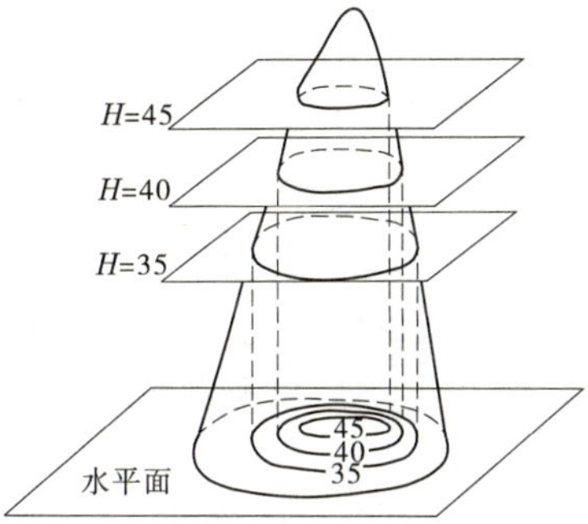

图 2-39　等高线原理

表 2-14　地形图的基本等高距

地形类别	比例尺				说明
	1:500	1:1 000	1:2 000	1:5 000	
平地	0.5 m	0.5 m	1 m	2 m	等高距为 0.5 m 时,特征点高程可注至 cm,其余均为注至 dm
丘陵	0.5 m	1 m	2 m	5 m	
山地	1 m	1 m	2 m	5 m	

按表 2-14 选定的等高距称为基本等高距,同一幅图只能采用一种基本等高距。等高线的高程应为基本等高距的整倍数。按基本等高距描绘的等高线称首曲线,用细实线描绘;为了读图方便,高程为 5 倍基本等高距的等高线用粗实线描绘并注记高程(称为计曲线);在基本等高线不能反映出地面局部地貌的变化时,可用 1/2 基本等高距用长虚线加密的等高线(称为间曲线);更加细小的变化还可用 1/4 基本等高距用短虚线加密的等高线(称为助曲线)。

2)等高线表示典型地貌

地貌形态繁多,但主要由一些典型地貌的不同组合而成。要用等高线表示地貌,关键在于掌握等高线表达典型地貌的特征。典型地貌有：

(1)山头和洼地(盆地)。如图 2-40 所示分别表示山头和洼地的等高线。其特征等高线表现为一组闭合曲线。

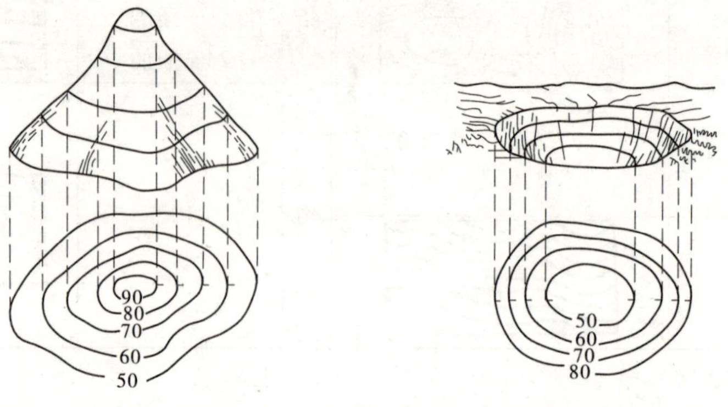

(a)山头　　(b)洼地(盆地)

图 2-40　山头和洼地(盆地)

在地形图上区分山头或洼地可采用高程注记或示坡线的方法。高程注记可在最高点或最低点上注记高程,或通过等高线的高程注记字头朝向确定山头(或高处)。示坡线是从等高线起向下坡方向垂直于等高线的短线。示坡线从内圈指向外圈,说明中间高,四周低,由内向外为下坡,故为山头或山丘;示坡线从外圈指向内圈,说明中间低,四周高,由外向内为下坡,故为洼地或盆地。

(2)山脊和山谷。山脊是沿着一定方向延伸的高地,其最高棱线称为山脊线,又称分水线。山谷是沿着一方向延伸的两个山脊之间的凹地,贯穿山谷最低点的连线称为山谷线,又称集水线(见图 2-41)。

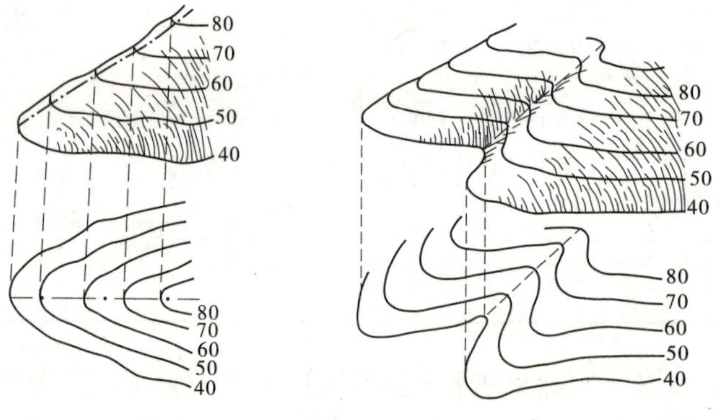

(a)山脊　　(b)山谷

图 2-41　山脊和山谷

山脊线和山谷线是显示地貌基本轮廓的线,统称为地性线,它在测图和用图中都有重要作用。

(3)鞍部。鞍部是相邻两山头之间低凹部位呈马鞍形的地貌(见图 2-42)。鞍部(S 点处)俗称垭口,是两个山脊与两个山谷的会合处,等高线由一对山脊和一对山谷的等高线组成。

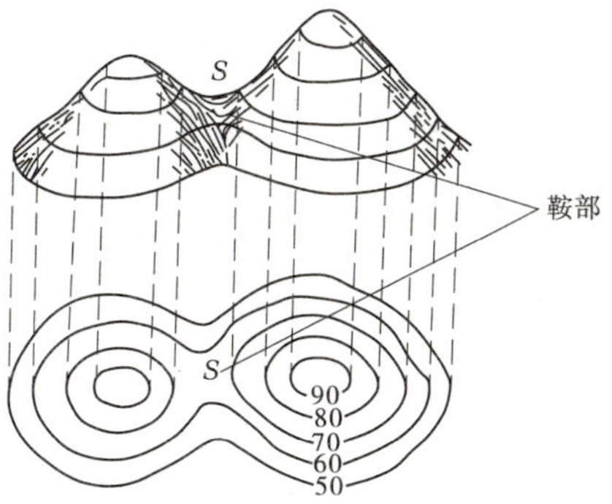

图 2-42　鞍部

(4)陡崖和悬崖。陡崖是坡度在 70°以上的陡峭崖壁,有石质和土质之分。悬崖是上部突出中间凹进的地貌(见图 2-43)。

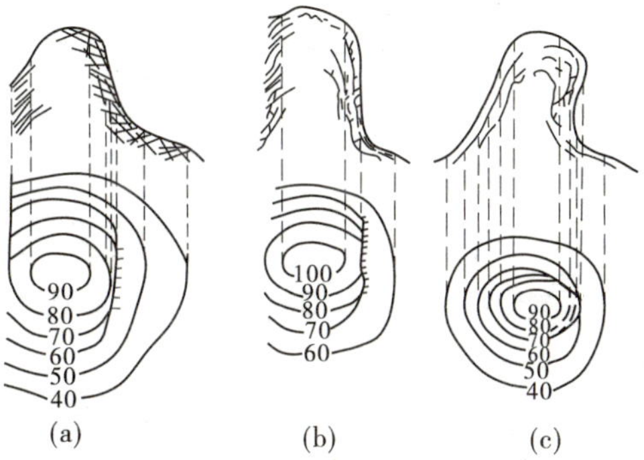

图 2-43　陡崖和悬崖

3)等高线的特性

根据等高线的原理和典型地貌的等高线,可得出等高线的特性如下:

(1)同一条等高线上的点,其高程必相等。

(2)等高线均是闭合曲线,如不在本图幅内闭合,则必在图外闭合,故等高线必须延伸到图幅边缘。

(3)除在悬崖或绝壁处外,等高线在图上不能相交或重合。

(4)等高线和山脊线、山谷线成正交。

(5)等高线的平距小,表示坡度陡,平距大则坡度缓,平距相等则坡度相等,平距与坡度成反比。

(6)等高线不能在图内中断,但遇道路、房屋、河流等地物符号和注记处可以局部中断。

4)等高距与等高线平距的关系

相邻等高线之间的高差 h,称为等高距或等高线间隔,在同一幅地形图上,等高距是相同的,相邻等高线间的水平距离 d 称为等高线平距。d 愈大,表示地面坡度愈缓,反之愈陡。坡度与平距成反比。

$$i = h/D, \quad D = dM$$

5)等高线的分类

(1)首曲线。

如图 2-44 所示,在同一幅图上,按规定的等高距描绘的等高线称首曲线,也称基本等高线。它是宽度为 0.15 mm 的细实线。

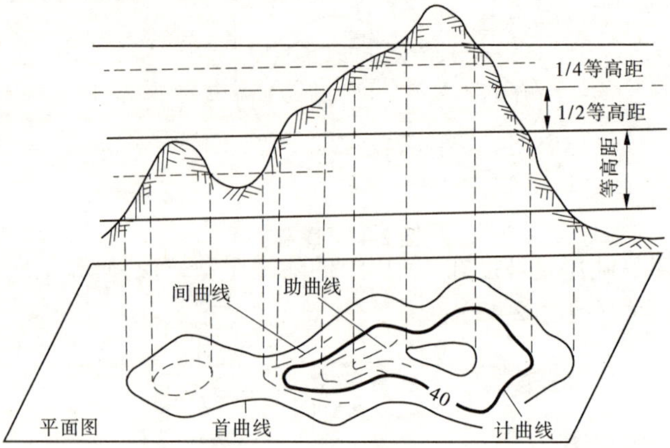

图 2-44　等高线的分类

(2)计曲线。

为了读图方便,凡是高程能被 5 倍基本等高距整除的等高线加粗描绘,称为计曲线。

(3)间曲线和助曲线。

当首曲线不能显示地貌的特征时,按 1/2 基本等高距描绘的等高线称为间曲线,在图上用长虚线表示。有时为显示局部地貌的需要,可以按 1/4 基本等高距描绘的等高线,称为助曲线,一般用短虚线表示。

7. 地形图的拼接、检查与整饰

1)地形图的拼接

采用分幅测图时,为了保证相邻图幅的拼接,每幅图的四边均须测出图廓线外 5 mm。拼接时将相邻两幅的相应图边按坐标格网叠合在一起进行拼接。

如果不吻合,其接图误差不超过规范规定的平面与高差中误差的 2 倍时,可按平均位置修改;若超过限差,应到现场检查予以纠正或重测。

2)地形图的检查

(1)室内检查。

室内检查的内容有图面地物、地貌是否清晰易读,各种符号、注记是否正确,等高线与地貌特征点的高程是否相符,接边精度是否合乎要求等。如发现错误和疑点,不可随意修改,应加记录,并到野外进行实地检查、修改。

(2)野外检查。

野外检查是在室内检查的基础上进行重点抽查。

检查方法分巡视检查和仪器检查两种。

①巡视检查。检查时应携带测图板,根据室内检查的重点,按预定的巡视检查路线,

进行实地对照查看。主要查看地物、地貌各要素测绘是否正确、齐全，取舍是否恰当；等高线的勾绘是否逼真，图式符号运用是否正确等。

②仪器设站检查。仪器检查是在室内检查和野外巡视检查的基础上进行的。除对发现的问题进行补测和修正外，还要对本测站所测地形进行检查，看所测地形图是否符合要求，如果发现点位的误差超限，应按正确的观测结果修正。仪器检查量一般为10%。

3）地形图的整饰

原图经过拼接和检查后，还应按规定的地形图图式符号对地物、地貌进行清绘和整饰，使图面更加合理、清晰、美观（见图2-45）。整饰的顺序是先图内后图外，先注记后符号，先地物后地貌。最后写出图名、比例尺、坐标系统及高程系统、施测单位、测绘者及施测日期等。如果是独立坐标系统，还需画出指北方向。

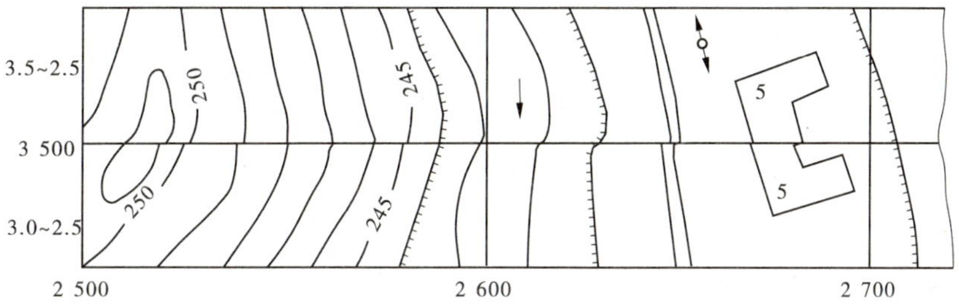

图2-45　地形图的整饰

四、方法与步骤

（1）用四等水准测量的方法进行高程控制观测，并进行平差计算。

（2）用经纬仪测回法进行水平角的观测，并进行平差计算。

（3）用钢尺量距并进行平差计算。

（4）各导线点坐标计算。

（5）测图前的准备工作：检查资料、选取图纸、比例尺、绘制坐标格网、展绘导线点。

（6）用全站仪进行碎部测量，同时绘图。

（7）对图幅进行检查、整饰，进行图外注记。

五、注意事项

（1）本次实习为综合实习，综合运用了以前学习的内容，实习前请认真复习相关知识。

（2）本次实习需要多人合作协调进行，实习开始前，组长应召集本小组同学充分讨论和分工，以保证实习的顺利进行。

（3）记录表用铅笔填写，计算表可用中性笔、钢笔、圆珠笔等填写。

（4）可供参考的技术要求等见表2-15～表2-25。

表 2-15　内业计算数字取位要求

等级	观测方向值(″)	改正数		边长坐标值(mm)	方位角值(″)
		方向(″)	长度(mm)		
二	0.01	0.01	0.1	0.1	0.01
三～四	0.1	0.1	1.0	1.0	0.1
五	1	1	1.0	1.0	1.0

表 2-16　水平角方向观测法技术要求

等级	经纬仪型号	光学测微器两次重合读数差(″)	半测回归零差(″)	一测回中 2c 较差(″)	同方向值各测回互差(″)
四等及以上	DJ_1	1	6	9	6
	DJ_2	3	8	13	9
一级及以下	DJ_2	—	12	18	9
	DJ_6	—	18	—	24

注：当观测方向的垂直角超过 ±3°时，该方向 2 倍照准差的变动范围可按相邻测回同方向进行比较。

表 2-17　导线测量的主要技术要求

等级	导线长度(km)	平均边长(km)	测距中误差(mm)	测角中误差(″)	测距相对中误差	测回数			方位角闭合差(″)	相对闭合差
						DJ_1	DJ_2	DJ_6		
三等	14	3	≤ ±20	≤ ±1.8	≤1/150 000	6	10	—	$3.6\sqrt{n}$	≤1/55 000
四等	9	1.5	≤ ±18	≤ ±2.5	≤1/80 000	4	6	—	$5\sqrt{n}$	≤1/35 000
一级	4	0.5	≤ ±15	≤ ±5	≤1/30 000	—	2	4	$10\sqrt{n}$	≤1/15 000
二级	2.4	0.25	≤ ±15	≤ ±8	≤1/14 000	—	1	3	$16\sqrt{n}$	≤1/10 000
三级	1.2	0.1	≤ ±15	≤ ±12	≤1/7 000	—	1	2	$24\sqrt{n}$	≤1/5 000

注：1. 表中 n 为测站数。

2. 测区测图的最大比例尺为 1∶1 000 时，一、二、三级导线的平均边长及总长可适当放长，但最大长度不应大于表中规定的 2 倍。

3. 导线平均边长较短时，应控制导线边数，但不得超过表 2-17 相应等级导线长度和平均边长算得的边数；当导线长度小于表 2-17 规定长度的 1/3 时，导线全长的绝对闭合差不应大于 13 cm。

4. 导线宜布设成直伸形状，相邻边长不宜相差过大。当附合导线长度超过规定时，应布设成结点网形。结点与结点、结点与高级点之间的导线长度，不应大于表 2-17 中规定长度的 0.7 倍。

5. 当导线网用作首级控制时，应布设成环形网，网内不同环节上的点不宜相距过近。

表 2-18　等级水准测量的技术要求

等级	二	三	四	五
M_Δ (mm)	≤ ±1	±3	±5	±10
M_W (mm)	≤ ±2	±6	±10	±20
仪器型号	DS_{05}，DS_1	DS_1，DS_3	DS_3	DS_3
水准尺	因瓦	因瓦、双面	双面	双面、单面

续表 2-18

等级		二	三	四	五
观测方法		光学测微法	光学测微法、中丝读数法	中丝读数法	中丝读数法
观测顺序		奇数站:后前前后 偶数站:前后后前	后前前后	后后前前	—
观测次数	与已知点联测	往返	往返	往返	往返
	环线或附合	往返	往返	往	往
往返较差、环线或附合线路闭合差(mm)	平丘地	$\pm 4\sqrt{L}$	$\pm 12\sqrt{L}$	$\pm 20\sqrt{L}$	$\pm 30\sqrt{L}$
	山地	—	$\pm 3\sqrt{n}$	$\pm 5\sqrt{n}$	$\pm 10\sqrt{n}$

注:n 为水准路线单程测站数,每千米多于 16 站,按山地计算闭合差限差;M_{Δ} 为每千米高程测量高差中数的偶然中误差,M_W 为每千米高程测量高差中数的全中误差。

表 2-19　等级水准测量测站的技术要求

等级	二		三		四	五
仪器型号	DS_{05}	DS_1	DS_1	DS_3	DS_3	DS_3
视线长度(m)	≤60	≤50	≤100	≤75	≤80	≤100
前后视距差(m)	≤1.0		≤2.0		≤3.0	大致相等
前后视距差累积差(m)	≤3.0		≤5.0		≤10.0	—
视线离地面最低高度(m)	下丝≥0.3		三丝能读数		三丝能读数	—
基辅分划(黑红面)读数较差(mm)	0.5		光学测微法 1.0 中丝读数法 2.0		3.0	—
基辅分划(黑红面)读数较差(mm)	0.6		光学测微法 1.0 中丝读数法 3.0		5.0	—

注:当采用单面标尺四等水准测量时,变动仪器高度两次所测高差之差与黑红面所测高差之差的要求相同。

表 2-20　测图比例尺的选用

比例尺	用途
1:5 000	可行性研究、总体规划、厂址选择、初步设计等
1:2 000	可行性研究、初步设计、矿山总图管理、城镇详细规划
1:1 000 1:500	初步设计、施工图设计；城镇、工矿总图管理；竣工验收及工业普查等

注：对于精度要求较低的专用地形图，可按小一级比例尺地形图的规定进行测绘或利用小一级比例尺地形图放大成图。

表 2-21　一般地区解析图根点的个数

测图比例尺	图幅尺寸(cm × cm)	解析控制点(个数)
1:500	50 × 50	8
1:1 000	50 × 50	12
1:2 000	50 × 50	15
1:5 000	40 × 40	30

表 2-22　地形图的基本等高距　　(单位:m)

地形类别	比例尺			
	1:500	1:1 000	1:2 000	1:5 000
平坦地	0.5	0.5	1	2
丘陵地	0.5	1	2	5
山地	1	1	2	5
高山地	1	2	2	5

注：1. 同一城市或测区的同一比例尺地形图，宜采用一种基本等高距。此时不同地形类别的等高线插求点高程精度要求，可按相应的地形类别应采用的基本等高距分别推算。

2. 同一幅图不得采用两种基本等高距。

3. 地形类别划分，应根据地面倾角 α 大小确定，并应符合下列规定：平坦地 $\alpha < 3°$；丘陵地 $3° \leqslant \alpha < 10°$；山地 $10° \leqslant \alpha < 25°$；高山地 $\alpha \geqslant 25°$。

表 2-23　图根导线测量的主要技术要求

导线长度(m)	边长	DJ_6 测回数	测角中误差(″)		方位角闭合差(″)		相对闭合差(″)
			一般	首级控制	一般	首级控制	
$\leqslant M$	$\leqslant 1.5H$	1	30	20	$60\sqrt{n}$	$40\sqrt{n}$	$\leqslant 1/2\ 000$

注：1. M 为测图比例尺的分母，H 为测图最大视距，n 为测站数。

2. 隐蔽或施测困难地区导线相对闭合差可放宽，但不应大于 1/1 000。

表 2-24　水平角方向观测法的各项限差　　（单位：″）

经纬仪型号	光学测微器两次重合读数差	半测回归零差	一测回 2*c* 较差	同方向各测回较差
DJ_1	1	6	9	6
DJ_2	3	8	13	9
DJ_6	—	18	—	24

注：当观测方向的垂直角超过 ±3°时，该方向 2 倍照准差的变动范围可按相邻测回同方向进行比较，手簿中注明。

表 2-25　水准测量计算小数位的取位

等级	往（返）测距离总和（km）	往返测距离中数（km）	各测站高差（mm）	往（返）测高差总和（mm）	往（返）测高差中数（mm）	高程（mm）
二等	0.01	0.1	0.01	0.01	0.1	0.1
三等	0.01	0.1	0.1	1.0	1.0	1.0
四等	0.01	0.1	0.1	1.0	1.0	1.0

第三部分　课堂练习

练习一　导线坐标计算及导线点的展绘

1. 完成表 3-1 闭合导线计算,并将计算出来的导线点展绘到下页坐标中。

表 3-1　闭合导线计算

点名	观测角（°　′　″）	改正后角值（°　′　″）	坐标方位角（°　′　″）	边长（m）	坐标增量		改正后坐标增量		坐标值	
					Δx	Δy	Δx	Δy	x	y
1	2	3	4	5	6	7	8	9	10	11
A									1 540.00	1 500.00
			133 46 40	239.18						
B	87 30 03									
			41 16 34	239.93						
C	107 20 10									
			328 36 33	232.39						
D	75 55 45									
			224 32 10	299.30						
A	89 14 40									
			133 46 40							
B										
Σ										
计算公式										

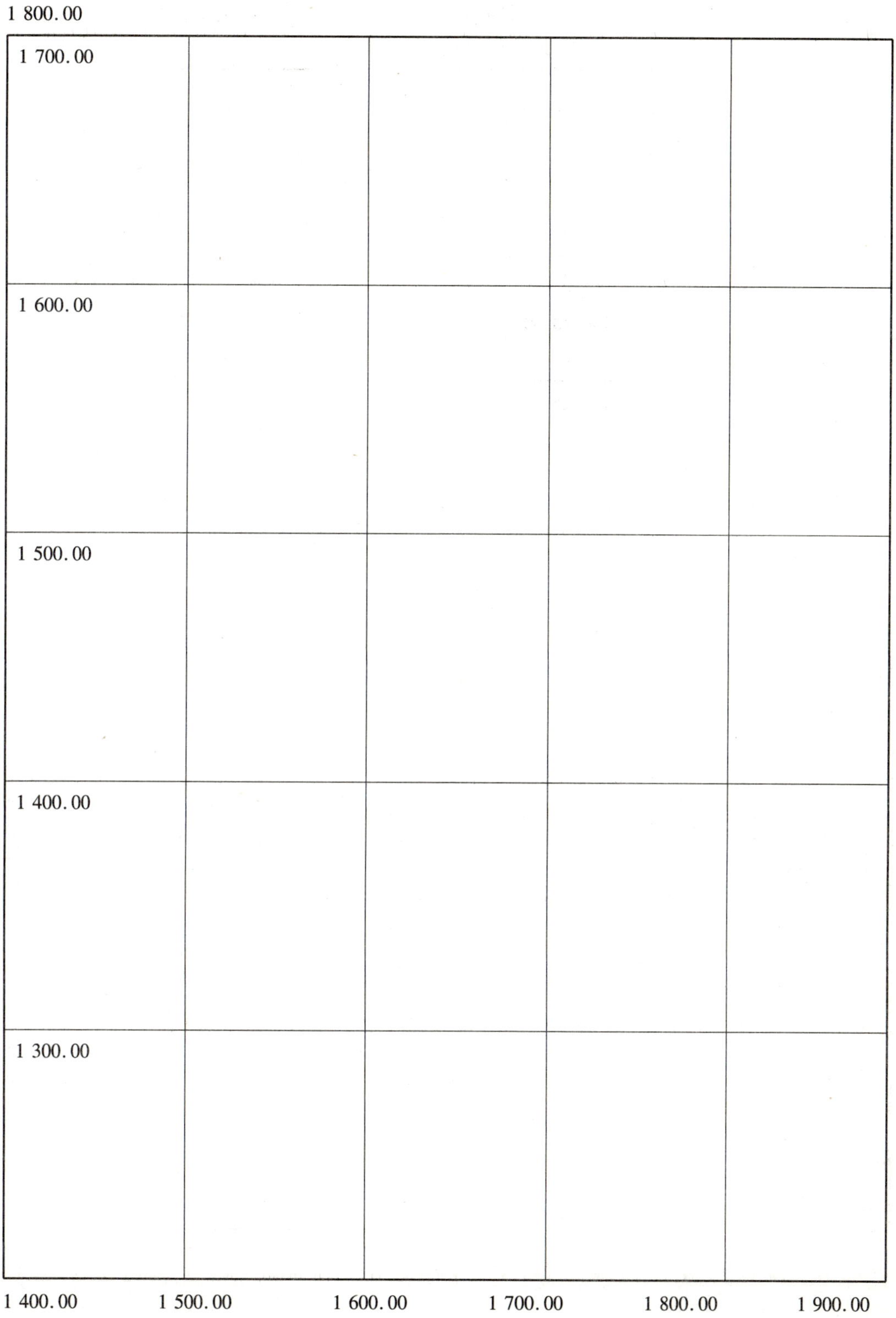
1 800.00
1 700.00
1 600.00
1 500.00
1 400.00
1 300.00
1 400.00
1 500.00
1 600.00
1 700.00
1 800.00
1 900.00

2. 完成表 3-2 附合导线计算，并将计算出来的导线点展绘到下页坐标中。

表 3-2　附合导线计算

点名	观测角（° ′ ″）	改正后角值（° ′ ″）	坐标方位角（° ′ ″）	边长（m）	坐标增量		改正后坐标增量		坐标值	
					Δx	Δy	Δx	Δy	x	y
1	2	3	4	5	6	7	8	9	10	11
B										
			149 40 00							
A	168 03 24								3 806.00	3 785.00
			137 43 14	236.02						
2	145 20 48									
			103 03 52	189.11 147.62						
3	216 46 36									
			139 50 18							
C	49 02 48								3 475.60	4 223.00
			8 52 55							
D										
Σ										
计算公式										

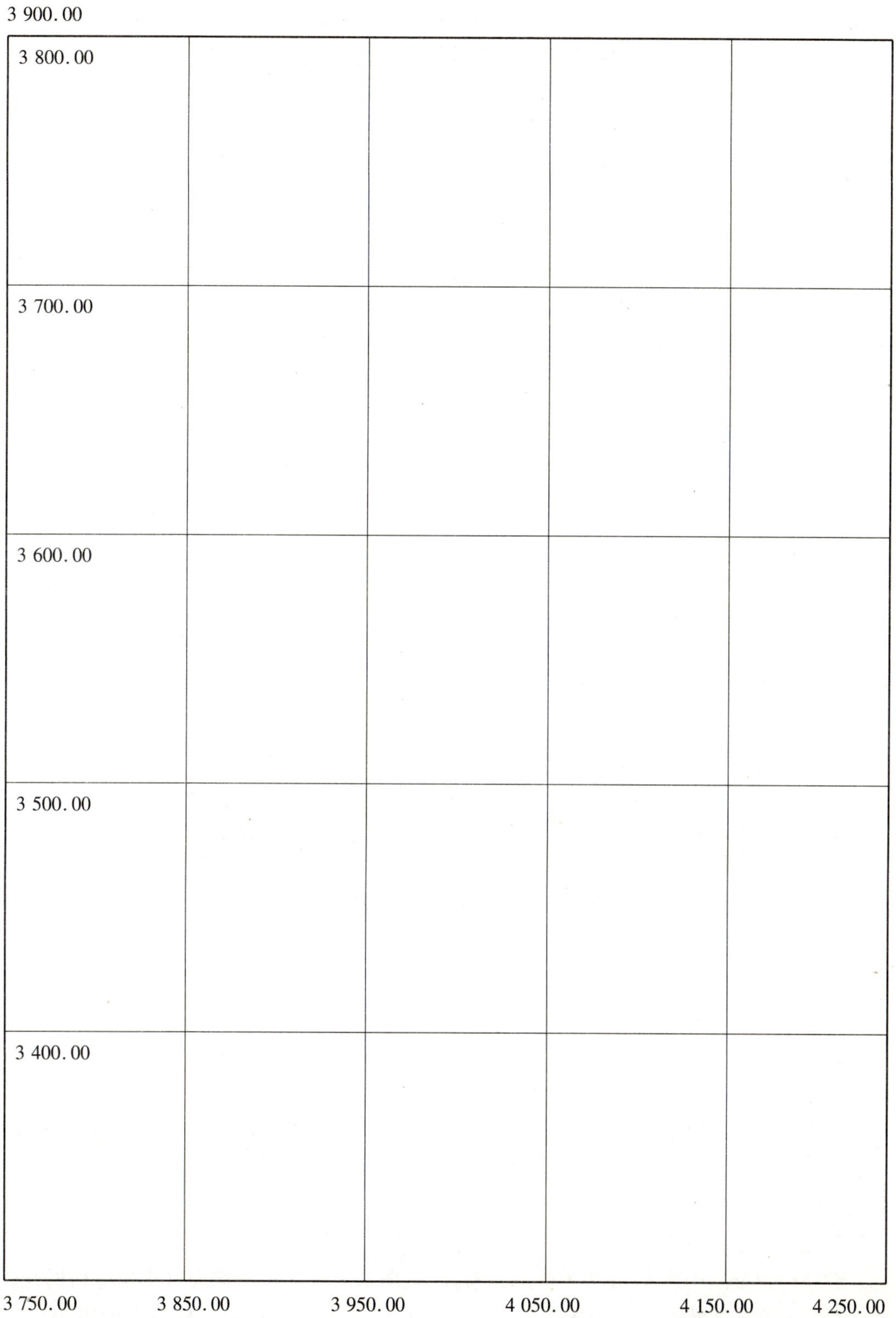
3 900.00
3 800.00
3 700.00
3 600.00
3 500.00
3 400.00
3 750.00
3 850.00
3 950.00
4 050.00
4 150.00
4 250.00

练习二　地形图的识读

一、相关知识

(一)地形图的判读

1. 地形图图外注记

1)图名与图号

图名是指本图幅的名称,一般以本图幅内最重要的地名或主要单位名称来命名,注记在图廓外上方的中央。如图3-1所示地形图的图名为“西三庄”。

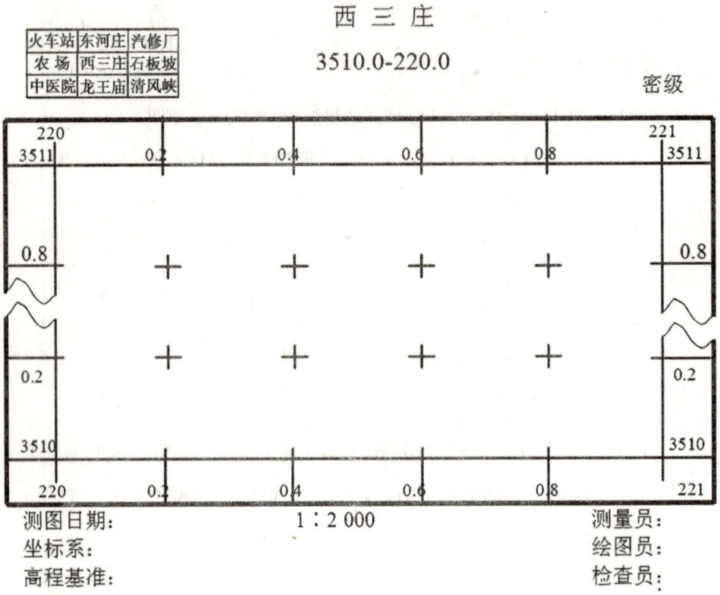

图3-1　图名、图号、接图表

图号,即图的分幅编号,注在图名下方。如图3-1所示,图号为3510.0－220.0,它由左下角纵、横坐标组成。

2)接图表与图外文字说明

为便于查找、使用地形图,在每幅地形图的左上角都附有相应的图幅接图表,用于说明本图幅与相邻八个方向图幅位置的相邻关系。如图3-1所示,中央为本图幅的位置。

文字说明是了解图件来源和成图方法的重要资料。通常在图的下方或左、右两侧注有文字说明,内容包括测图日期、坐标系、高程基准、测量员、绘图员和检查员等。在图的右上角标注图纸的密级。

3)图廓与坐标格网

图廓是地形图的边界,正方形图廓只有内、外图廓之分。内图廓为直角坐标格网线,外图廓用较粗的实线描绘。外图廓与内图廓之间的短线用来标记坐标值。如图3-1所示,左下角的纵坐标为3 510.0 km,横坐标为220.0 km。

如图 3-2 所示，由经纬线分幅的地形图，内图廓呈梯形。西图廓经线为东经 128°45′，南图廓纬线为北纬 46°50′，两线的交点为图廓点。内图廓与外图廓之间绘有黑白相间的分度带，每段黑白线长表示经纬差 1′。连接东西、南北相对应的分度带值便得到大地坐标格网，可供图解点位的地理坐标用。分度带与内图廓之间注记了以 km 为单位的高斯直角坐标值。图 3-2 中左下角从赤道起算的 5 189 km 为纵坐标，其余的 90、91 等为省去了前面千、百两位 51 的千米数。横坐标为 22 482 km，其中 22 为该图所在的投影带号，482 km 为该纵线的横坐标值。纵横线构成了千米格网。在四边的外图廓与分度带之间注有相邻接图号，供接边查用。

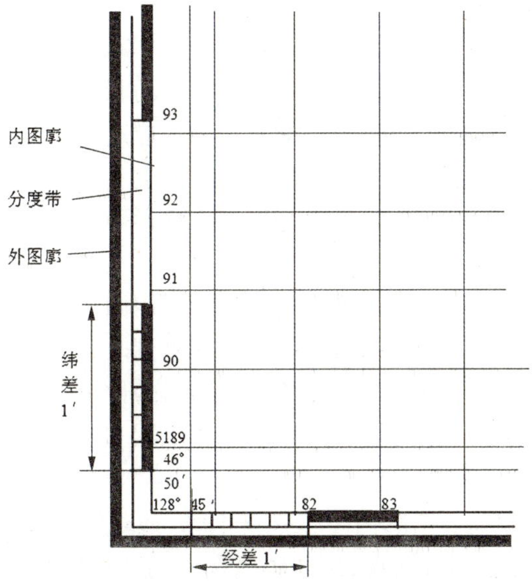

图 3-2　图廓与坐标格网

4）直线比例尺与坡度尺

直线比例尺也称图示比例尺，它是将图上的线段用实际的长度来表示，如图 3-3（a）所示。因此，可以用分规或直尺在地形图上量出两点之间的长度，然后与直线比例尺进行比较，就能直接得出该两点间的实际长度值。三棱比例尺也属于直线比例尺。

为了便于在地形图上量测两条等高线（首曲线或计曲线）间两点直线的坡度，通常在中、小比例尺地形图的南图廓外绘有图解坡度尺，如图 3-3（b）所示。坡度尺是按等高距与平距的关系 $d = h\tan\alpha$ 制成的。如图 3-3（b）所示，在底线上以适当比例定出 0°、1°、2°、…等各点，并在点上绘垂线。将相邻等高线平距 d 与各点角值 α_i 按关系式求出相应平距 d_i。然后，在相应点垂线上按地形图比例尺截取 d_i 值定出垂线顶点，再用光滑曲线连接各顶点。应用时，用卡规在地形图上量取等高线 a、b 点平距 ab，在坡度尺上比较，即可查得 ab 的角值约为 1°45′。

5）三北方向

中、小比例尺地形图的南图廓线右下方，通常绘有真北、磁北和轴北之间的角度关系，如图 3-4 所示。利用三北方向图，可对图上任一方向的真方位角、磁方位角和坐标方位角进行相互换算。

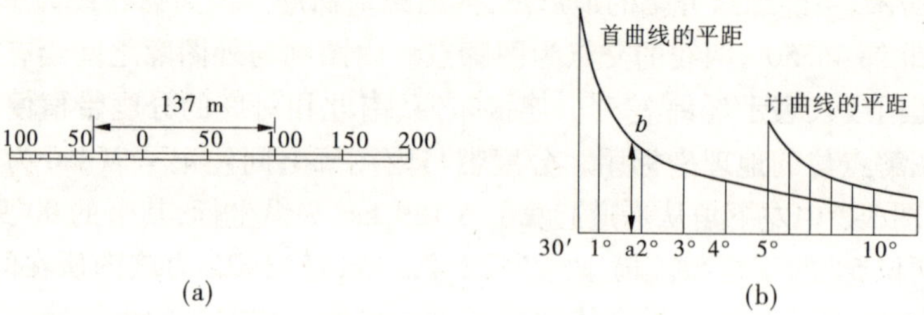

图 3-3 直线比例尺与坡度

2. 地形图的识读

1) 地物地貌的识别

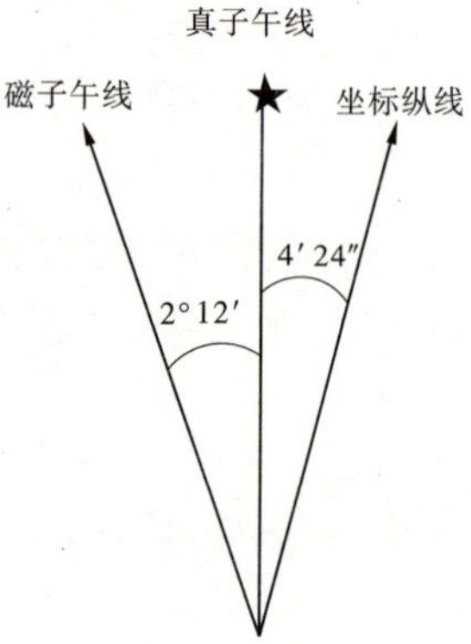

图 3-4 三北方向

地形图反映了地物的位置、形状、大小和地物间的相互位置关系，以及地貌的起伏形态。为了能够正确地应用地形图，必须读懂地形图（即识图），并能根据地形图上各种符号和注记，在头脑中建立起相应的立体模型。地形图识读包括如下内容。

（1）图廓外要素的阅读。图廓外要素是指地形图内图廓之外的要素。通过图廓外要素的阅读，可以了解测图时间，从而判断地形图的新旧和适用程度，以及地形图的比例尺、坐标系统、高程系统和基本等高距，以及图幅范围和接图表等内容。

（2）图廓内要素的判读。图廓内要素是指地物、地貌符号及相关注记等。在判读地物时，首先了解主要地物的分布情况，例如居民点、交通线路及水系等。要注意地物符号的主次让位问题。例如，铁路和公路并行，图上是以铁路中心位置绘制铁路符号，而公路符号让位，地物符号不准重叠。在地貌判读时，先看计曲线，再看首曲线的分布情况，了解等高线所表示出的地性线及典型地貌，进而了解该图幅范围总体地貌及某地区的特殊地貌。同时，通过对居民地、交通网、电力线、输油管线等重要地物的判读，可以了解该地区的社会经济发展情况。

2) 野外使用地形图

在野外使用地形图时，经常要进行地形图的定向、在图上确定站立点位置、地形图与实地对照，以及野外填图等项工作。当使用的地形图图幅数较多时，为了使用方便，则须进行地形图的拼接和粘贴，方法是根据接图表所表示的相邻图幅的图名和图号，将各幅图按其关系位置排列好，按左压右、上压下的顺序进行拼贴，构成一张范围更大的地形图。

（1）地形图的野外定向。地形图的野外定向就是使图上表示的地形与实地地形一致。常用的方法有罗盘定向和地物定向。

①罗盘定向。根据地形图上的三北关系图，将罗盘刻度盘的北字指向北图廓，并使刻度盘上的南北线与地形图上的真子午线（或坐标纵线）方向重合，然后转动地形图，使磁针北端指到磁偏角（或磁坐偏角）值，完成地形图的定向。

②地物定向。首先，在地形图上和实地分别找出相对应的两个位置点，例如本人站立

点、房角点、道路或河流转弯点、山顶、独立树等，然后转动地形图，使图上位置与实地位置一致。

(2)在地形图上确定站立点位置。当站立点附近有明显地貌和地物时，可利用它们确定站立点在图上的位置。例如，站立点的位置是在图上道路或河流的转弯点、房屋角点、桥梁一端，以及在山脊的一个平台上等。

当站立点附近没有明显地物或地貌特征时，可以采用交会方法来确定站立点在图上的位置。

(3)地图与实地对照。当进行了地形图定向和确定了站立点的位置后，就可以根据图上站立点周围的地物和地貌的符号，找出与实地相对应的地物和地貌，或者观察实地地物和地貌来识别其在地图上所表示的位置。地图和实地通常是先识别主要和明显的地物、地貌，再按关系位置识别其他地物、地貌。通过地形图和实地对照，了解和熟悉周围地形情况，比较出地形图上内容与实地相应地形是否发生了变化。

(4)野外填图。野外填图，是指把土壤普查、土地利用、矿产资源分布等情况填绘于地形图上。野外填图时，应注意沿途具有方位意义的地物，随时确定本人站立点在图上的位置。同时，站立点要选择视线良好的地点，便于观察较大范围的填图对象，确定其边界并填绘在地形图上。通常用罗盘或目估方法确定填图对象的方向，用目估、步测或皮尺确定距离。

(二)地形图的基本应用

1. 求点的坐标

1)求点的直角坐标

欲求图3-5(a)中 P 点的直角坐标，可以通过从 P 点作平行于直角坐标格网的直线，交格网线于 e、f、g、h 点。用比例尺(或直尺)量出 ae 和 ag 两段距离，则 P 点的坐标为

$$x_P = x_a + ae = 21\ 100 + 27 = 21\ 127(\mathrm{m})$$

$$y_P = y_a + ag = 32\ 100 + 29 = 32\ 129(\mathrm{m})$$

为了防止图纸伸缩变形带来的误差，可以采用下列计算公式消除：

$$x_P = x_a + \frac{ae}{ab} \cdot l = 21\ 100 + \frac{27}{99.9} \times 100 = 21\ 127.03(\mathrm{m})$$

$$y_P = y_a + \frac{ag}{ad} \cdot l = 32\ 100 + \frac{29}{99.9} \times 100 = 32\ 129.03(\mathrm{m})$$

式中，l 为相邻格网线间距。

2)求点的大地坐标

在求某点的大地坐标时，首先根据地形图内外图廓中的分度带，绘出大地坐标格网。接着，作平行于大地坐标格网的纵横直线，交于大地坐标格网。然后，按照上面求点直角坐标的方法计算出点的大地坐标。

2. 确定图上直线段的距离

若求 PQ 两点间的水平距离，如图3-5(a)所示，最简单的办法是用比例尺或直尺直接从地形图上量取。为了消除图纸的伸缩变形给量取距离带来的误差，可以用两脚规量取 PQ 间的长度，然后与图上的直线比例尺进行比较，得出两点间的距离。更精确的方法是

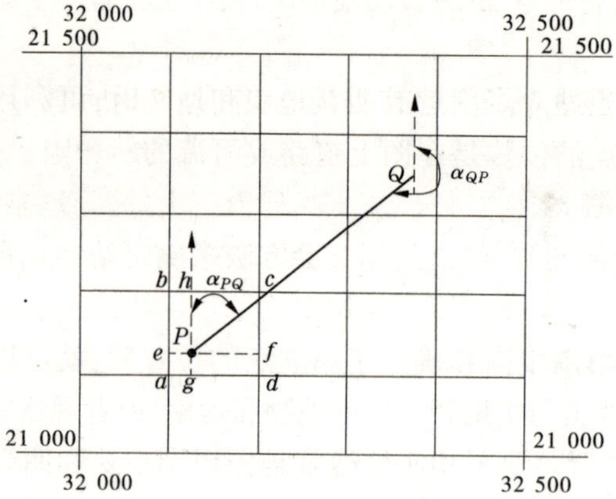

(a)

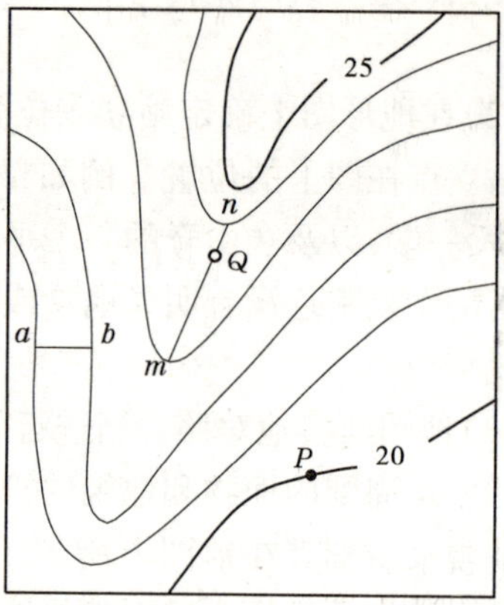

(b)

图 3-5　确定点的坐标、高程、直线段的距离、坐标方位角和坡度

利用前述方法求得 P、Q 两点的直角坐标，再用坐标反算出两点间距离。

3. 图上确定直线的坐标方位角

如图 3-5(a)所示，若求直线 PQ 的坐标方位角 α_{PQ}，可以先过 P 点作一条平行于坐标纵线的直线，然后用量角器直接量取坐标方位角 α_{PQ}。要求精度较高时，可以利用前述方法先求得 P、Q 两点的直角坐标，再利用坐标反算公式计算出 α_{PQ}。

4. 确定图上点的高程

根据地形图上的等高线，可确定任一地面点的高程。如果地面点恰好位于某一等高线上，则根据等高线的高程注记或基本等高距直接确定该点高程。如图 3-5(b)所示，P 点的高程为 20 m。当确定位于相邻两等高线之间的地面点 Q 的高程时，可以采用目估的方法确定。更精确的方法是，先过 Q 点作垂直于相邻两等高线的线段 mn，再依高差和平距成比例的关系求解。例如，图中等高线的基本等高距为 1 m，则 Q 点高程为

$$H_Q = H_n + \frac{mq}{mn}h = 23 + \frac{14}{20} \times 1 = 23.7(\text{m})$$

如果要确定两点间的高差，则可采用上述方法确定两点的高程后，相减即得两点间高差。

5. 确定图上地面坡度

由等高线的特性可知，地形图上某处等高线之间的平距愈小，则地面坡度愈大。反之，等高线间平距愈大，坡度愈小。当等高线为一组等间距平行直线时，则该地区地貌为斜平面。

如图 3-5(b)所示，欲求 P、Q 两点之间的地面坡度，可先求出两点高程 H_P、H_Q，然后求出高差 $h_{PQ} = H_Q - H_P$，以及两点水平距离 d_{PQ}，再按下式计算：

P、Q 两点之间的地面坡度为

$$i = \frac{h_{PQ}}{d_{PQ}}$$

P、Q 两点之间的地面倾角为

$$\alpha_{PQ} = \arctan\frac{h_{PQ}}{d_{PQ}}$$

当地面两点间穿过的等高线平距不等时,计算的坡度则为地面两点平均坡度。

两条相邻等高线间的坡度,是指垂直于两条等高线两个交点间的坡度。如图 3-5(b)所示,垂直于等高线方向的直线 ab 具有最大的倾斜角,该直线称为最大倾斜线(或坡度线),通常以最大倾斜线的方向代表该地面的倾斜方向。最大倾斜线的倾斜角也代表该地面的倾斜角。

此外,也可以利用地形图上的坡度尺求取坡度。

6. 在图上设计规定坡度的线路

对管线、渠道、交通线路等工程进行初步设计时,通常先在地形图上选线。按照技术要求,选定的线路坡度不能超过规定的限制坡度,并且线路最短。

如图 3-6 所示,地形图的比例尺为 1∶2 000,等高距为 2 m。设需在该地形图上选出一条由车站 A 至某工地 B 的最短线路,并且在该线路任何处的坡度都不超 4%。

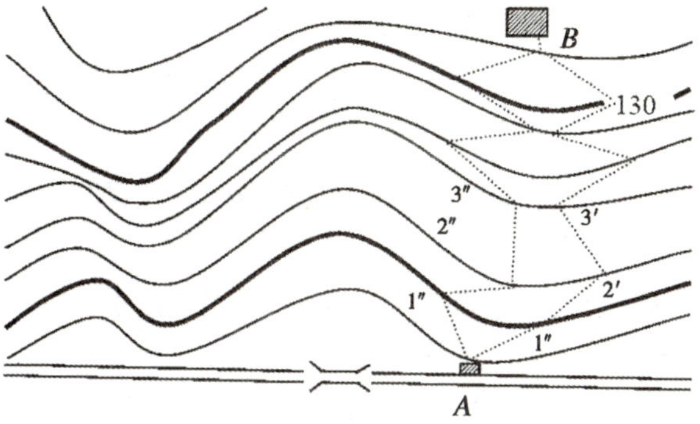

图 3-6 线路设计

常见的作法是将两脚规在坡度尺上截取坡度为 4% 时相邻两等高线间的平距,也可以按下式计算相邻等高线间的最小平距(地形图上距离):

$$d = \frac{h}{Mi} = \frac{2}{2\ 000 \times 4\%} = 25(\text{mm})$$

然后,将两脚规的脚尖设置为 25 mm,把一脚尖立在以点 A 为圆心上作弧,交另一等高线 1′点,再以 1′点为圆心,另一脚尖交相邻等高线 2′点。如此继续直到 B 点。这样,由 A、1′、2′、3′至 B 连接的 AB 线路,就是所选定的坡度不超过 4% 的最短线路。

从图 3-6 中看出,如果平距 d 小于图上等高线间的平距,则说明该处地面最大坡度小于设计坡度,这时可以在两等高线间用垂线连接。此外,从 A 到 B 的线路可采用上述方法选择多条,例如由 A、1″、2″、3″至 B 所确定的线路。最后选用哪条,则主要根据占用耕地、撤迁民房、施工难度及工程费用等因素决定。

7. 确定汇水面积

在修建交通线路的涵洞、桥梁或水库的堤坝等工程建设中,需要确定有多大面积的雨水量汇集到桥涵或水库,即需要确定汇水面积,以便进行桥涵和堤坝的设计工作。通常是在地形图上确定汇水面积。

汇水面积是由山脊线所构成的区域。如图 3-7 所示，某公路经过山谷地区，欲在 m 处建造涵洞，cn 和 em 为山谷线，注入该山谷的雨水是由山脊线（即分水线）a、b、c、d、e、f、g 及公路所围成的区域。区域汇水面积可通过面积量测方法得出。另外，根据等高线的特性可知，山脊线处处与等高线相垂直，且经过一系列的山头和鞍部，可以在地形图上直接确定。

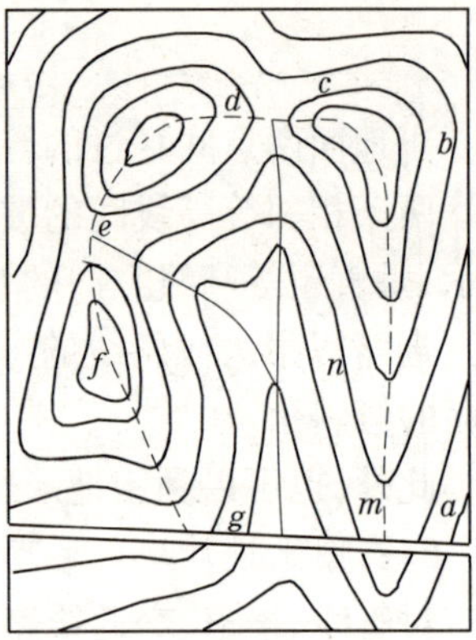

图 3-7　图上确定汇水面积

二、练习

按下列顺序读图（典型地区的地形图另附）。

（一）阅读辅助要素

1. 图名、图号

了解地形图所表示的区域、位置、范围和主题。

2. 图例

了解各种符号的图形、尺寸、颜色及不同规格注记所表示的具体内容。

3. 坡度尺

便于测坡度而制作，借助它可以进行地貌分析阅读，一般配置在图廓外。

4. 制图文字说明

可了解制图单位、成图时间、资料使用情况、采用的坐标系、高程系、基本等高距等。

（二）阅读数学要素

1. 地形图投影

了解该地形图投影的特点，帮助建立正确的位置和形状概念，识别经纬线网、方里网和控制点。

2. 比例尺

了解比例尺在该图上的表示形式，比例尺决定着地形图的精度和内容的详细程度。

3. 三北方向偏角图

了解三北方向偏角图的表示，根据三北方向线和偏角值定地形图方向，进行真方位角、磁方位角、坐标方位角的换算。

（三）阅读图形要素

1. 水系

了解该区域内河流、湖泊、海洋、水库、沟渠、井泉等的分布，阅读水陆界限、搞清河流性质、河段情况等。

2. 地貌

了解该区域的地形起伏情况，可根据等高线的疏密、高程注记、等高线形态特征来判明地形起伏和地貌类型。具体读出山头、山坡、山谷、山脊、凹地、鞍部等基本地形。

3. 土质、植被

土质主要了解地表覆盖层的性质，植被主要了解地表植被的类型及其分布。

4. 居民地

主要阅读居民地的类型、形状、人口数量、行政等级、分布密度、分布特点等。

5. 交通网

了解交通线种类、等级、路面性质、宽度、主要站点，水上交通网、港口、航线等。

6. 境界限

了解该图区域内的政治、行政区划情况，主要境界限的种类和位置。

7. 独立地物

主要有文物古迹、判断方位的主要标志，具有特殊意义的工、农业地物等。

练习三　等高线的勾绘

一、相关知识

勾绘等高线的方法如下：

（1）描绘出山脊线、山谷线等地性线。

（2）根据碎部点的高程勾绘等高线。

（3）在两相邻碎部点的连线上，按平距与高差成比例的关系，内插出两点间各条等高线通过的位置。如图 3-8 上（43.1）—44.0—45—46—47—48—（48.5）。

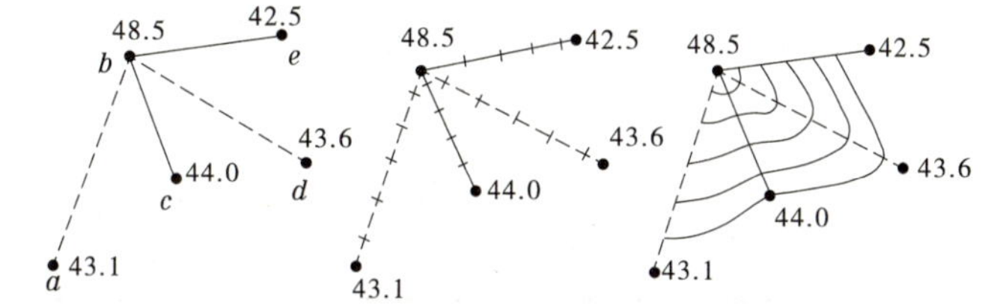

$$\frac{48.5-43.1}{ab}=\frac{44.0-43.1}{x}\qquad x=\frac{ab\,(44.0-43.1)}{48.5-43.1}$$

图 3-8　勾绘等高线

（4）将高程相等的相邻点连成光滑曲线，即为等高线。

（5）勾绘等高线时，要对照实地情况进行勾绘，并注意等高线通过山脊线、山谷线的走向（正交）。

（6）地形图等高距（基本等高距）的选择与测图比例尺和地面坡度有关。

二、练习

完成图 3-9、图 3-11，可参考图 3-10、图 3-12。

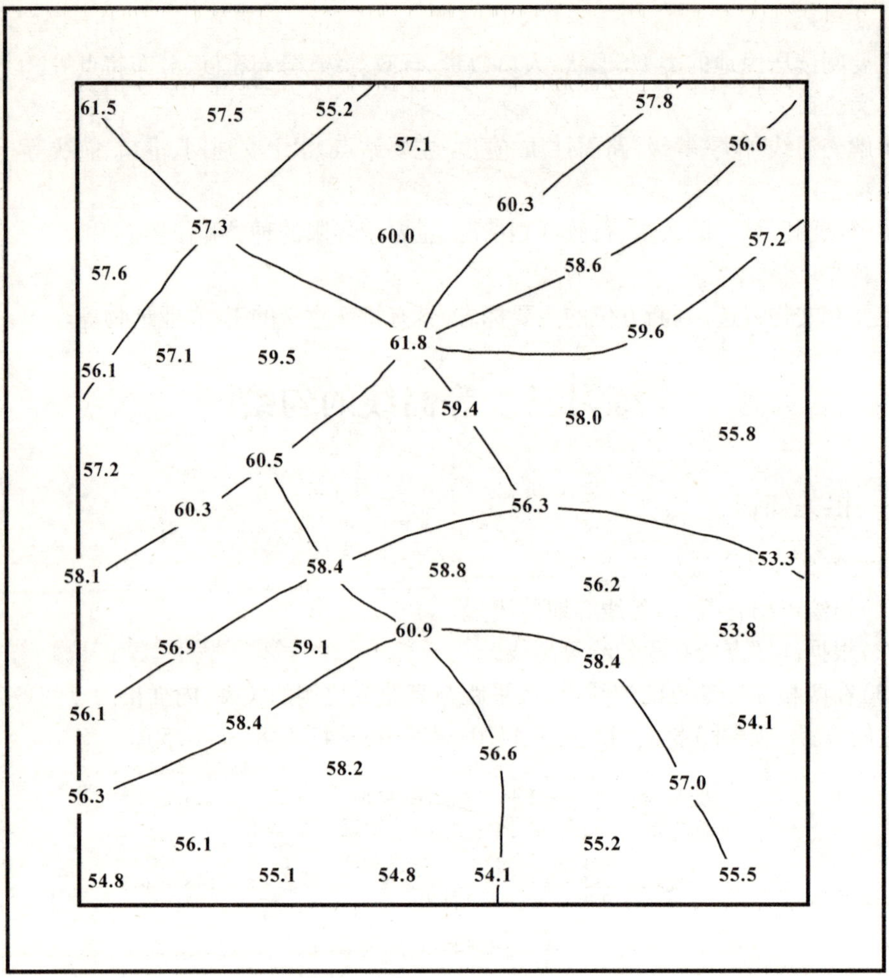

等高距 1 m，比例尺 1∶2 000

班级：　　　　　勾绘者：

图 3-9　等高线勾绘练习 1

等高距 1 m,比例尺 1∶2 000

图 3-10　等高线勾绘练习参考图 1

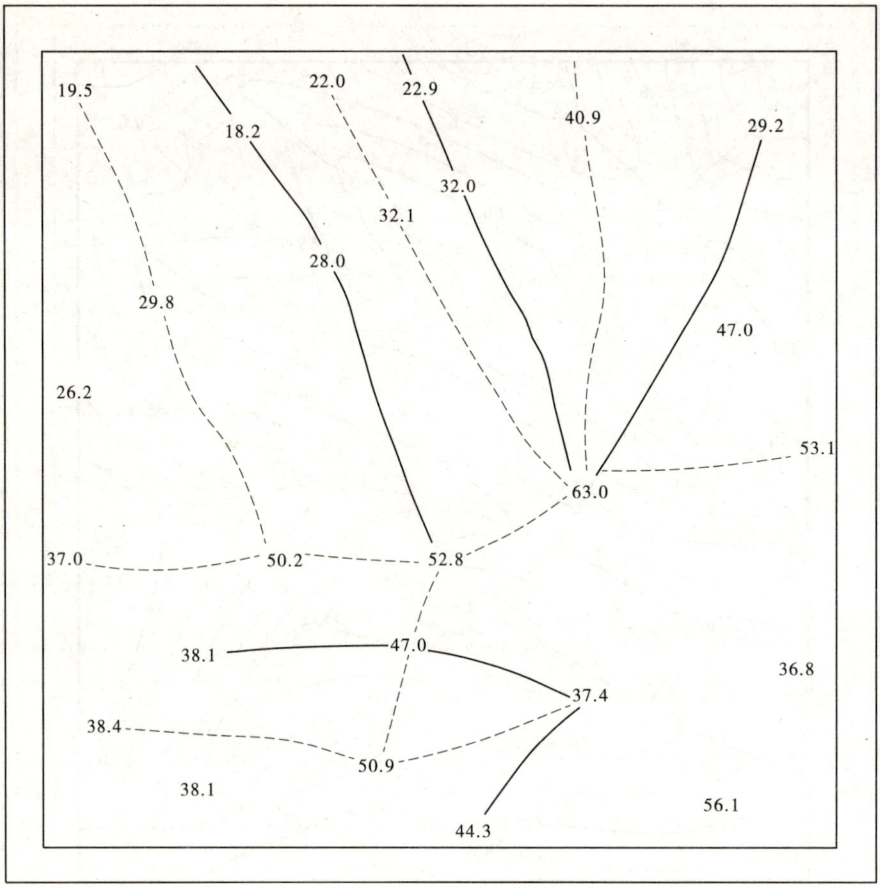

比例尺 1:2 000

图中虚线表示山脊线,实线表示山谷线,等高距 2 m。

班级:　　　　绘图者:

图 3-11　等高线勾绘练习 2

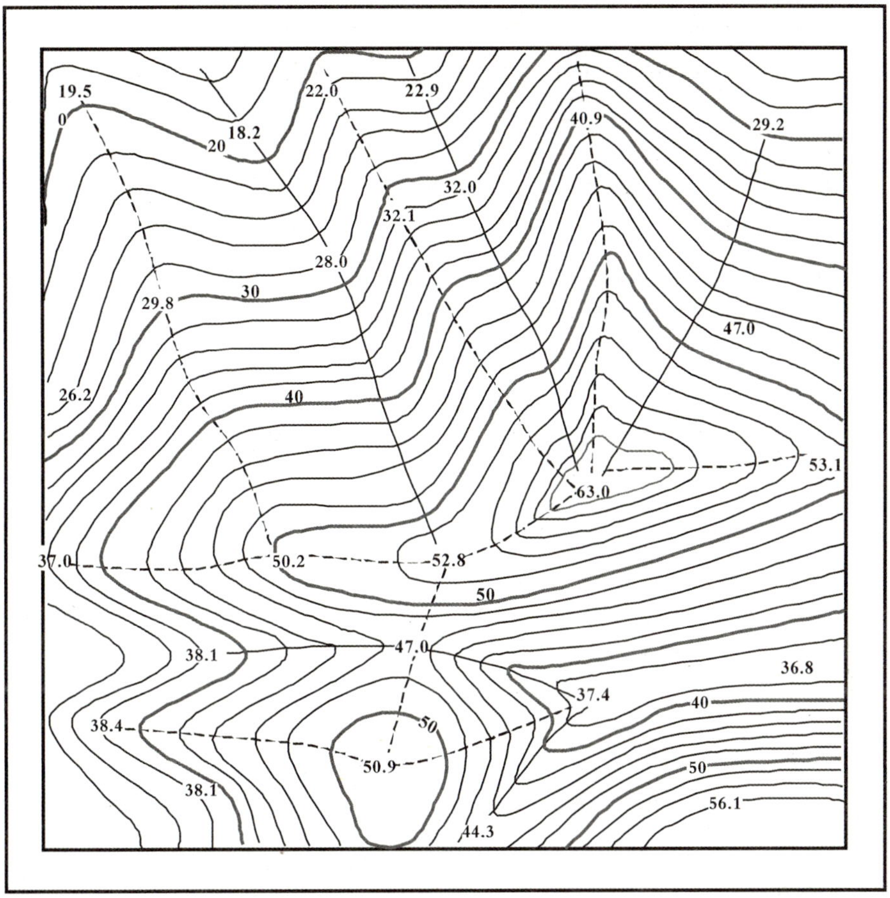

比例尺 1∶2 000

图中虚线表示山脊线，实线表示山谷线，等高距 2 m。

图 3-12　等高线勾绘练习参考图 2

练习四　地形图面积量算

一、相关知识

(一)几何图形法

当欲求面积的边界为直线时,可以把该图形分解为若干个规则的几何图形,例如三角形、梯形或平行四边形等,如图 3-13 所示。然后量出这些图形的边长,这样就可以利用几何公式计算出每个图形的面积。最后,将所有图形的面积之和乘以该地形图比例尺分母的平方,即为所求面积。

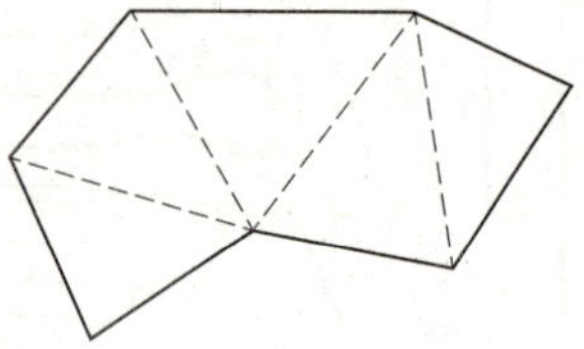

图 3-13　几何图形法测算面积

(二)坐标计算法

如果图形为任意多边形,并且各顶点的坐标已知,则可以利用坐标计算法精确求算该图形的面积。如图 3-14 所示,各顶点按照逆时针方向编号,则面积为

$$S = \frac{1}{2}\sum_{i=1}^{n} x_i(y_{i-1} - y_{i+1})$$

式中,当 $i=1$ 时,y_{i-1} 用 y_n 代替;当 $i=n$ 时,y_{i+1} 用 y_1 代替。

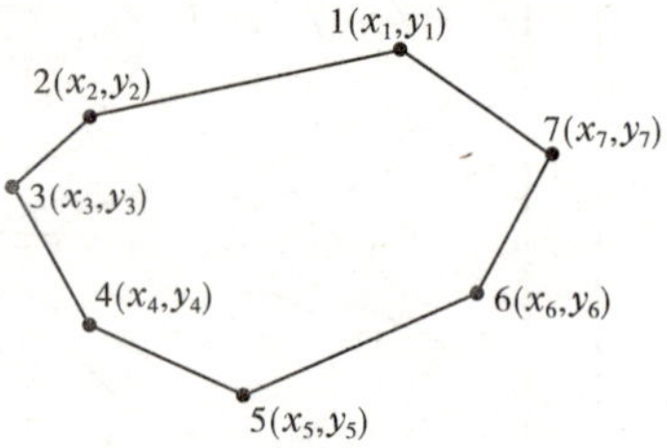

图 3-14　坐标计算法测算面积

(三)透明方格法

对于不规则图形,可以采用图解法求算图形面积。通常使用绘有单元图形的透明纸蒙在待测图形上,统计落在待测图形轮廓线以内的单元图形个数来量测面积。

透明方格法通常是在透明纸上绘出边长为 1 mm 的小方格,如图 3-15(a)所示,每个方格的面积为 1 mm^2,而所代表的实际面积则由地形图的比例尺决定。量测图上面积时,将透明方格纸固定在图纸上,先数出完整小方格数 n_1,再数出图形边缘不完整的小方格数 n_2。然后,按下式计算整个图形的实际面积:

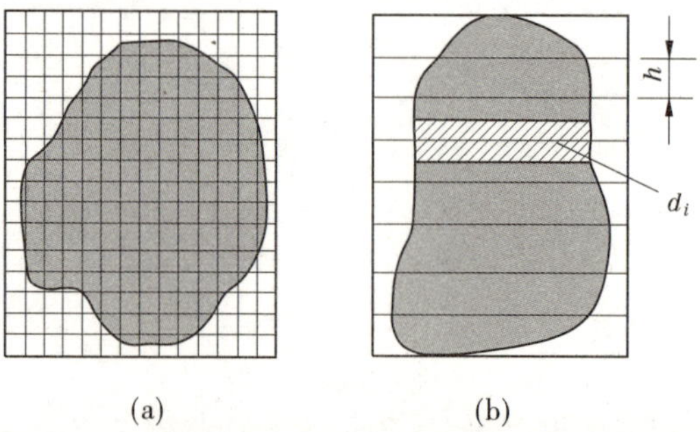

图 3-15　透明纸法测算面积

$$S = (n_1 + \frac{n_2}{2}) \frac{M^2}{10^6} \quad (m^2)$$

式中，M 为地形图比例尺分母。

(四)透明平行线法

透明方格网法的缺点是数方格困难，为此，可以使用图 3-15(b)所示的透明平行线法。被测图形被平行线分割成若干个等高的长条，每个长条的面积可以按照梯形公式计算。例如，图中绘有斜线的面积，其中间位置的虚线为上底加下底的平均值 d_i，可以直接量出，而每个梯形的高均为 h，则其面积为

$$S = \sum_{i=1}^{n} d_i h = h \sum_{i=1}^{n} d_i$$

(五)电子求积仪的使用

电子求积仪是一种用来测定任意形状图形面积的仪器，如图 3-16 所示。

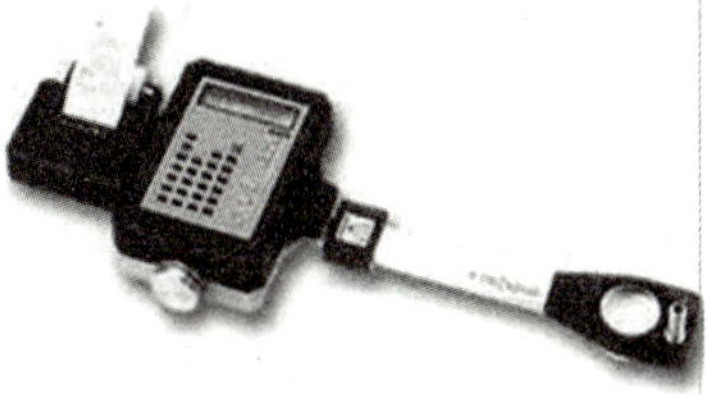

图 3-16　电子求积仪

在地形图上求取图形面积时，先在求积仪的面板上设置地形图的比例尺和使用单位，再利用求积仪一端的跟踪透镜的十字中心点绕图形一周来求算面积。电子求积仪具有自动显示量测面积结果、储存测得的数据、计算周围边长、数据打印、边界自动闭合等功能，计算精度可以达到 0.2%。同时，具备各种计量单位，例如公制、英制，有计算功能，当数据量溢出时会自动移位处理。由于采用了 RS－232 接口，可以直接与计算机相连进行数据管理和处理。

为了保证量测面积的精度和可靠性，应将图纸平整地固定在图板或桌面上。当需要测量的面积较大时，可以采取将大面积划分为若干块小面积的方法，分别求这些小面积，最后把量测结果加起来。也可以在待测的大面积内划出一个或若干个规则图形(四边形、三角形、圆等)，用解析法求算面积，剩下的边、角小块面积用求积仪求取。

二、练习

读地形图(见图 3-17)作答：

(1)用▲标出山头，用△标出鞍部，用虚线标出山脊线，用实线标出山谷线。

(2)求出 A、B 两点的高程，并用图下直线比例尺求出 A、B 两点间的水平距离及坡度。

(3)绘出 A、B 之间的地形断面图(平距比例尺为 1∶2 000，高程比例尺为 1∶200)。

(4)找出图内山坡最陡处，并求出该最陡坡度值。

(5)从 C 到 D 作出一条坡度不大于 10% 的最短路线。

(6)绘出过 C 点的汇水面积。

(7)判断 A 与 B 之间、B 与 C 之间是否通视。

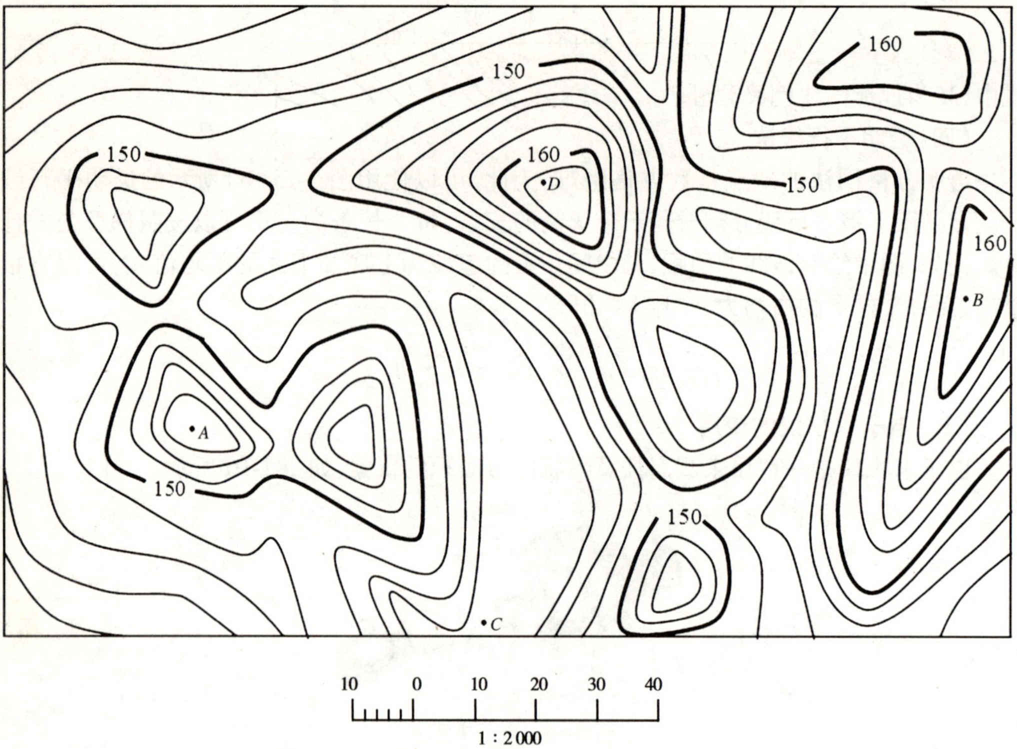

图 3-17 作业用图

练习五 断面图绘制

一、相关知识

在各种线路工程设计中，为了进行填挖方量的概算，以及合理地确定线路的纵坡，都需要了解沿线路方向的地面起伏情况，为此，常需利用地形图绘制沿指定方向的纵断面图。欲沿 *AB* 方向绘制断面图，可在绘图纸或方格纸上绘制 *MN* 水平线，过 *A* 射点作 *AB* 的垂线作为高程轴线。然后在地形图上用卡规自 *A* 点分别卡出 *A* 点至各点的距离，并分别在图上自 *A* 点沿 *AB* 方向截出相应的点。再在地形图上读取各点的高程，按高程轴线向上画出相应的垂线。最后，用光滑的曲线将各高程线顶点连接起来，即得 *AB* 方向断面图。断面过山脊、山顶或山谷处的高程变化点的高程，可用比例内插法求得。绘制断面图时，高程比例尺比水平比例尺大 10～20 倍是为了使地面的起伏变化更加明显。例如，水平比例尺是 1∶2 000，高程比例尺为 1∶200。

二、练习

图 3-18～图 3-20 为断面图绘制的实例。

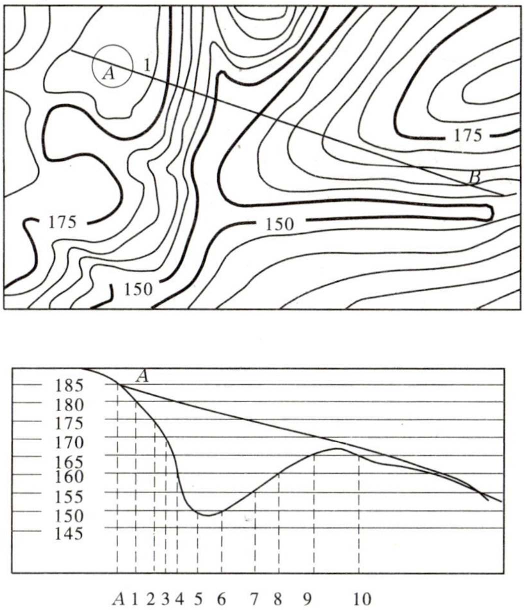

图 3-18　断面图绘制实例一

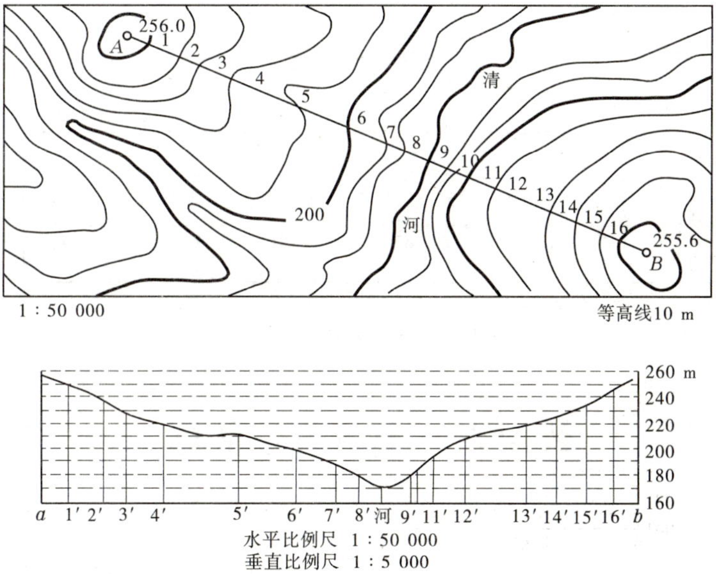

图 3-19　断面图绘制实例二

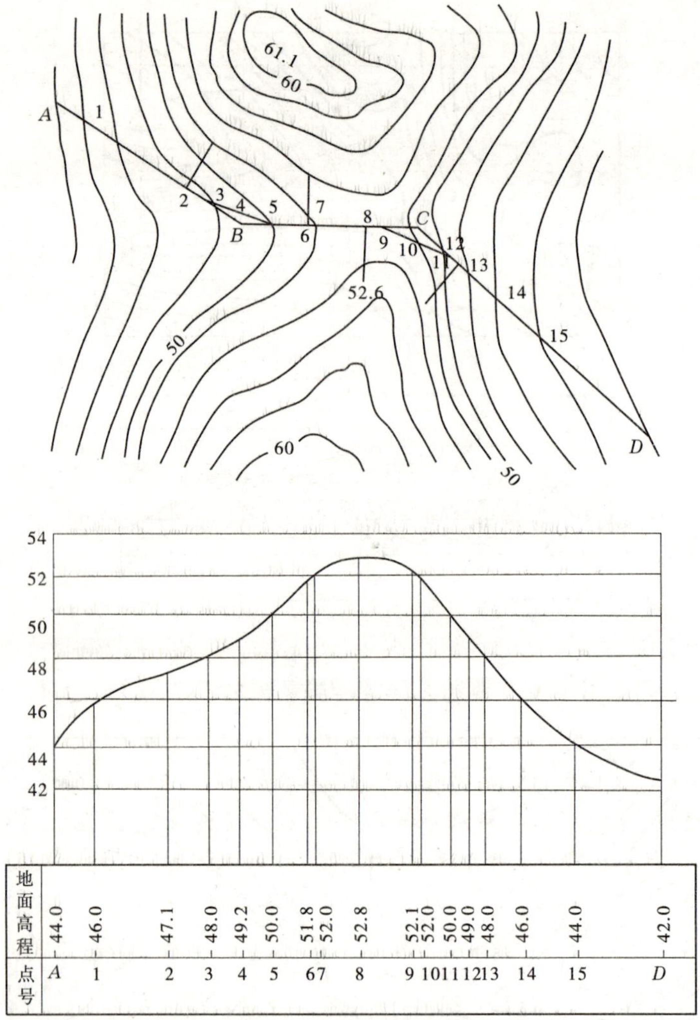

图 3-20　断面图绘制实例三

练习六　土石方量估算

一、相关知识

为了使起伏不平的地形满足一定工程的要求，需要把地表平整成一块水平面或斜平面。在进行工程量的预算时，可以利用地形图进行填、挖土石方量的概算。

(一)方格网法

如果地面坡度较平缓，可以将地面平整为某一高程的水平面。如图 3-21 所示，计算步骤如下。

(1)绘制方格网。方格的边长取决于地形的复杂程度和土石方量估算的精度要求，

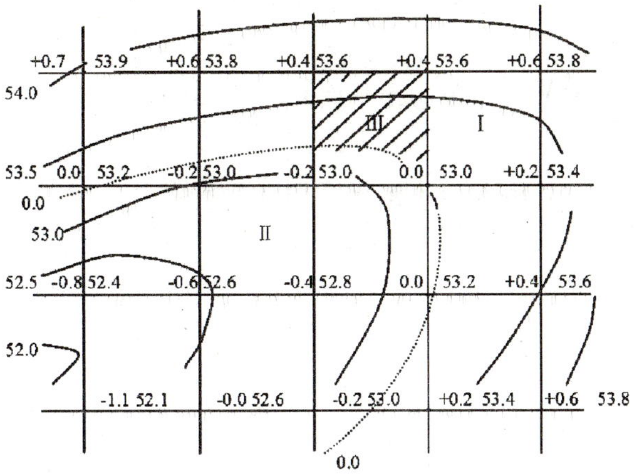

图 3-21　方格网法计算填挖方量

一般取 10 m 或 20 m。然后，根据地形图的比例尺在图上绘出方格网。

(2)求各方格角点的高程。根据地形图上的等高线和其他地形点高程，采用目估法内插出各方格角点的地面高程值，并标注于相应顶点的右上方。

(3)计算设计高程。将每个方格角点的地面高程值相加，并除以 4，则得到各方格的平均高程，再把每个方格的平均高程相加除以方格总数就得到设计高程 $H_{设}$。$H_{设}$也可以根据工程要求直接给出。

(4)确定填、挖边界线。根据设计高程 $H_{设}$，在地形图上绘出高程为 $H_{设}$ 的高程线(如图中虚线所示)，在此线上的点即为不填又不挖，也就是填、挖边界线，亦称零等高线。

(5)计算各方格网点的填、挖高度。将各方格网点的地面高程减去设计高程 $H_{设}$，即得各方格网点的填、挖高度，并注于相应顶点的左上方，正号表示挖，负号表示填。

(6)计算各方格的填、挖方量。下面以图 3-21 中方格Ⅰ、Ⅱ、Ⅲ为例，说明各方格的填、挖方量计算方法。

方格Ⅰ的挖方量为

$$V_1 = \frac{1}{4}(0.4 + 0.6 + 0 + 0.2)A = 0.3A$$

方格Ⅱ的填方量为

$$V_2 = \frac{1}{4}(-0.2 - 0.2 - 0.6 - 0.4)A = -0.35A$$

方格Ⅲ的填、挖方量为

$$V_3 = \frac{1}{4}(0.4 + 0.4 + 0 + 0)A_{挖} - \frac{1}{4}(0 - 0.2 - 0)A_{填} = 0.2A_{挖} - 0.05A_{填}$$

式中，A 为每个方格的实际面积；$A_{挖}$、$A_{填}$ 分别为方格Ⅲ中挖方区域和填方区域的实际面积。

(7)计算总的填、挖方量。将所有方格的填方量和挖方量分别求和，即得总的填、挖土石方量。如果设计高程 $H_{设}$ 是各方格的平均高程值，则最后计算出来的总填方量和总挖方量基本相等。

当地面坡度较大时,可以按照填、挖土石方量基本平衡的原则,将地形整理成某一坡度的倾斜面。

由图 3-21 可知,当把地面平整为水平面时,每个方格角点的设计高程值相同。而当把地面平整为倾斜面时,每个方格角点的设计高程值则不一定相同,这就需要在图上绘出一组代表倾斜面的平行等高线。绘制这组等高线必备的条件是:等高距、平距、平行等高线的方向(或最大坡度线方向)以及高程的起算值。它们都是通过具体的设计要求直接或间接提供的,如图 3-21 所示。绘出倾斜面等高线后,通过内插即可求出每个方格角点的设计高程值。这样,便可以计算各方格网点的填、挖高度,并计算出每个方格的填、挖方量及总填、挖方量。

(二)等高线法

如果地形起伏较大,可以采用等高线法计算土石方量。首先从设计高程的等高线开始计算出各条等高线所包围的面积,然后将相邻等高线面积的平均值乘以等高距即得总的填挖方量。

如图 3-22 所示,地形图的等高距为 5 m,要求平整场地后的设计高程为 492 m。首先在地形图中内插出设计高程为 492 m 的等高线(如图 3-22 中虚线),再求出 492 m、495 m、500 m 三条等高线所围成的面积 A_{492}、A_{495}、A_{500},即可算出每层土石方的挖方量为

$$V_{492-495} = \frac{1}{2}(A_{492} + A_{495}) \times 3$$

$$V_{495-500} = \frac{1}{2}(A_{495} + A_{500}) \times 5$$

$$V_{500-503} = \frac{1}{3}A_{500} \times 3$$

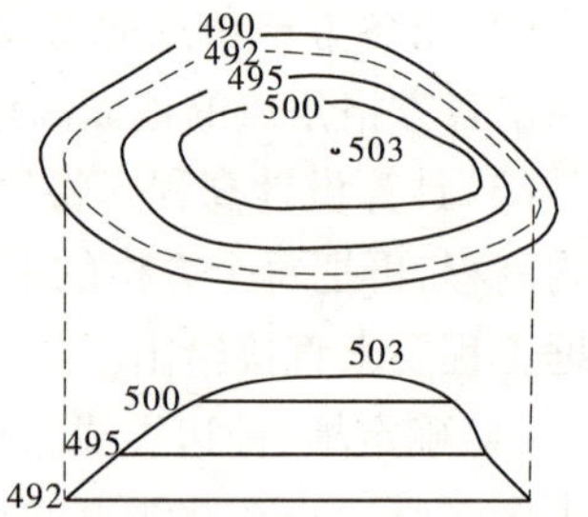

图 3-22　等高线法计算填挖方量

则总的土石方挖方量为

$$V_{总} = \sum V = V_{492-495} + V_{495-500} + V_{500-505}$$

(三)断面法

断面法是在施工场地范围内,利用地形图以一定间距绘出地形断面图,并在各个断面图上绘出平整场地后的设计高程线。然后,分别求出断面图上地面线与设计高程线所围成的面积,再计算相邻断面间的土石方量,求其和即为总土石方量。

二、练习

图 3-23 为 1∶2 000 比例尺地形图,现要将图示方格网范围内的场地平整为水平场地,请完成如下作业:

(1)根据填、挖图土(石)方量平衡的原则,计算场平的设计高程。

(2)在图中绘出填挖边界线。

(3)计算填挖土(石)方量。

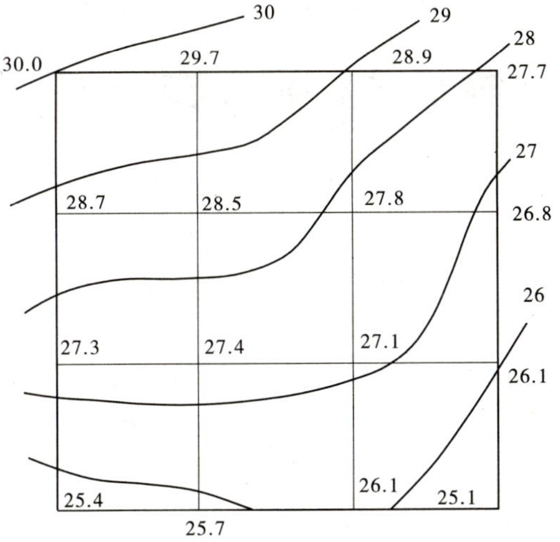
30
29
28
27
26
30.0
29.7
28.9
27.7
28.7
28.5
27.8
26.8
27.3
27.4
27.1
26.1
25.4
25.7
26.1
25.1

图 3-23　练习题图

第四部分　习　题

习题一　水准测量

1. 设 A 为后视点，B 为前视点，A 点高程为 93.533 m，当后视读数为 1.025 m，前视读数为 1.674 m 时，高差是多少？B 点比 A 点高还是低？B 点高程是多少？绘图说明。

2. 何谓视准轴？何谓视差？产生视差的原因是什么？怎样消除视差？

3. 什么叫水准管分划值？圆水准器和长水准器各起什么作用？

4. 水准测量时为什么要求前、后视距相等？

5. 水准仪有哪些轴线？它们之间应满足哪些条件？其中主要条件是什么？

6. 已知 BM_A 点的高程为 44.218 m，将图 4-1 中的水准测量观测数据填入记录手簿（见表 4-1），计算出各点的高差及 B 点的高程，并进行计算检核。

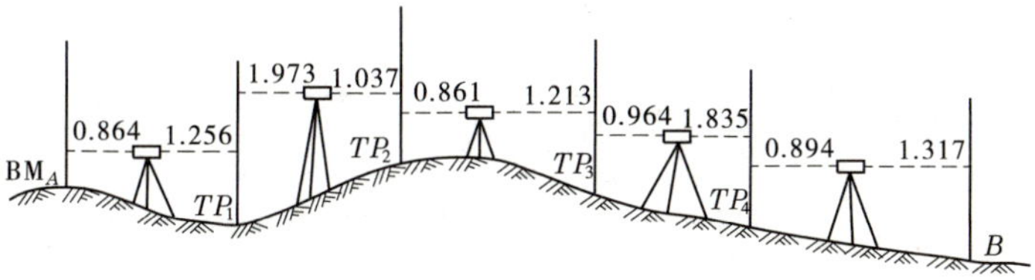

图 4-1　水准测量

表 4-1　水准测量记录手簿

测站	测点	后视读数(m)	前视读数(m)	高差(m)		高程(m)	备注
				+	−		
合计							

7. 图 4-2 为一五等水准路线的观测结果，BM_A 高程为 15.617 m，试在表 4-2 中完成成果计算。

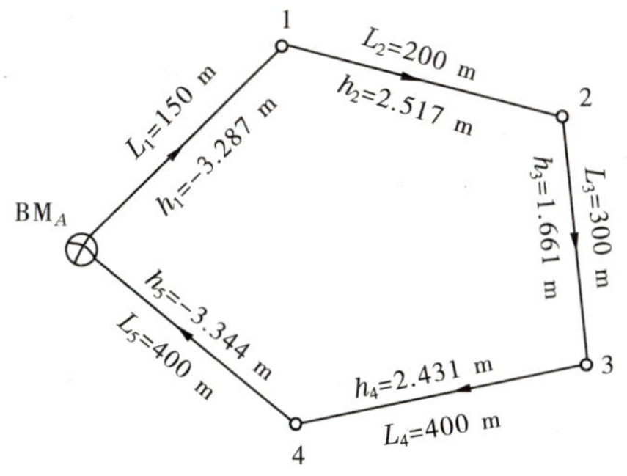

图 4-2　水准路线观测结果

表 4-2　水准测量成果计算

点名	测站数(距离)	观测高差(m)	高差改正数(m)	改正后高差(m)	高程(m)	备注
辅助计算						

习题二　角度测量

1. 什么是水平角？在同一铅垂面内瞄准不同高度的点在水平度盘上的读数是否一样？

2. 什么是竖直角？在同一铅垂面内瞄准不同高度的点在竖直度盘上的读数是否一样？

3. 经纬仪的操作步骤有哪些？

4. 试述测回法和全圆方向法的观测步骤。

5. 对中的目的是什么？在哪些情况下要特别注意对中对角度测量的影响？

6. 经纬仪有哪几条轴线？经纬仪应满足哪些几何条件？

7. 用盘左、盘右两个位置观测水平角能消除哪些误差？

8. 整理表 4-3、表 4-4 所示两种水平角观测记录。

表 4-3　测回法观测手簿

测站	测回	目标	竖盘位置	水平度盘读数 (° ′ ″)	半测回角值 (° ′ ″)	一测回平均角值 (° ′ ″)	备注
O	1	*A*	左	0　03　12			
		B		72　21　18			
		B	右	180　03　18			
		A		252　21　30			

表 4-4 方向观测法观测手簿

测站	测回	目标	水平度盘读数		2c (″)	平均读数 (° ′ ″)	归零后方向值 (° ′ ″)	各测回平均归零方向值 (° ′ ″)	角值 (° ′ ″)
			盘左 (° ′ ″)	盘右 (° ′ ″)					
O	1	A	0 01 00	180 01 12					
		B	62 15 24	242 15 48					
		C	107 38 42	287 39 06					
		D	185 29 06	5 29 12					
		A	0 01 06	180 01 18					
O	2	A	90 01 36	270 01 42					
		B	152 15 54	332 16 06					
		C	197 39 24	17 39 30					
		D	275 29 42	96 29 48					
		A	90 01 36	270 01 48					

9. 根据表 4-5 记录,计算竖直角和指标差。

表 4-5 观测手簿

测站	目标	竖直度盘位置	竖直度盘读数 (° ′ ″)	半测回竖直角 (° ′ ″)	指标差 (″)	一测回竖直角 (° ′ ″)
		盘左	95 12 36			
		盘右	264 47 42			
		盘左	82 53 24			
		盘右	277 07 00			

习题三　距离测量

1. 某一名义长度为 20.000 m 的钢尺，在温度 $t_0 = 20$ ℃时，检定长度为 20.006 m。现用它来丈量某斜坡上 A 、B 两点间的距离，往测得 $L_1 = 126.426$ m，返测得 $L_2 = 126.450$ m。已知测量时温度为 35 ℃，A 、B 间高差 $h_{AB} = -3.60$ m，试计算：

（1）相对误差 K；

（2）A 、B 间的实际水平距离 D_{AB} 。

2. 根据表 4-6 中视距测量观测记录，计算测站 A 至各地形点的水平距离、高差和各点的高程。已知 $x = 0''$，仪器高 $i = 1.510$ m，$H_A = 30.000$ m，$h = h' + i - V$ 。

表 4-6　视距测量观测记录

测站	目标	上丝读数 / 下丝读数	视距间隔 l	竖盘读数	竖直角 α	平距 D(m)	高差 h(m)	高程 H(m)	中丝计数 V
A								30.000	
	1	1.948		83°18′					1.510
		1.072							
	2	2.134		87°36′					1.510
		0.886							
	3	1.786		82°04′					1.510
		1.234							
	4	2.070		81°13′					1.760
		1.450							
	5	1.776		93°48′					1.510
		1.244							
	6	2.048		96°12′					1.510
		0.972							
	7	1.996		97°58′					1.510
		1.024							
	8	2.375		94°25′					2.000
		1.625							

习题四　控制测量

1. 什么叫直线定向？为什么要进行直线定向？

2. 测量上作为定向依据的标准方向有哪些？什么叫方位角？

3. 某五边形的各内角 $\beta_1 = 90°$、$\beta_2 = 130°$、$\beta_3 = 70°$、$\beta_4 = 128°$、$\beta_5 = 122°$，各角与点号对应，各点按逆时针方向编号，已知 1 ~ 2 边的坐标方位角为 30°，求其他各边的坐标方位角。

4. 如图 4-3 所示，已知 1—2 边的坐标方位角 $\alpha_{12} = 78°45'$，$\beta_2 = 204°30'$，$\beta_3 = 135°45'$，试求 2—3，3—4 边的方位角并换算成象限角。

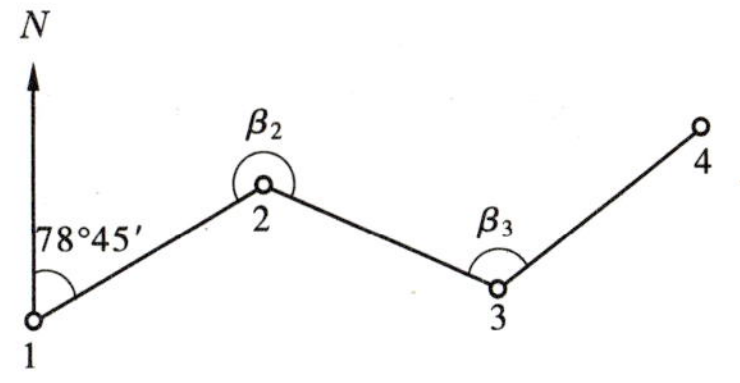

图 4-3　习题 4 图

5. 控制测量内容主要包括哪两个方面？小地区平面控制测量的方法有哪些？

6. 小地区控制的导线有哪几种布设形式？

习题五　地形图测绘

1. 什么是比例尺精度？它在测绘工作中有何作用？

2. 试将某地 *A* 点(东经 118°46′,北纬 32°03′)所在 1:5 000 ~ 1:1 000 000 地形图的图幅号码分别算出来。

3. 地物符号有几种？各有何特点？

4. 何谓等高线？在同一幅图上等高距、等高线平距与地面坡度三者的关系如何？

5. 等高线具有哪些基本特征？

6. 简述在一个测站上碎部测量的工作步骤。

第五部分　实训报告

实训报告一　水准仪的认识及使用(DS_3型)

实训时间:________　班级:________　作业小组:________　实训人员姓名:________

一、实训目的

二、实训内容

1. 写出图5-1所示水准仪各部件的名称。

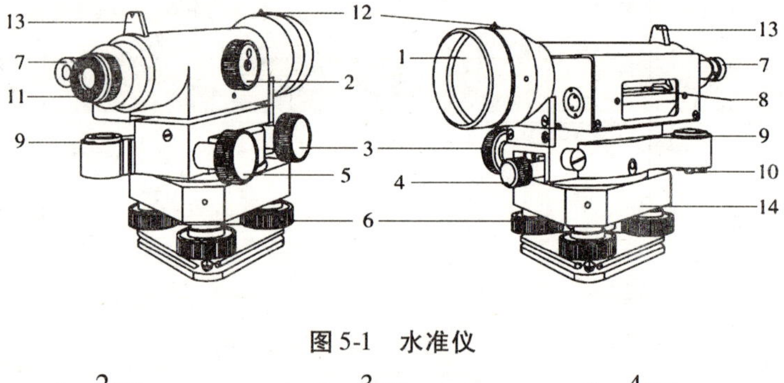

图5-1　水准仪

1—____________；　2—____________；　3—____________；　4—____________；

5—____________；　6—____________；　7—____________；　8—____________；

9—____________；　10—____________；　11—____________；　12—____________；

13—____________；　14—____________

2. 用箭头标明如何转动3只脚螺旋，使图5-2所示的圆水准器气泡居中。

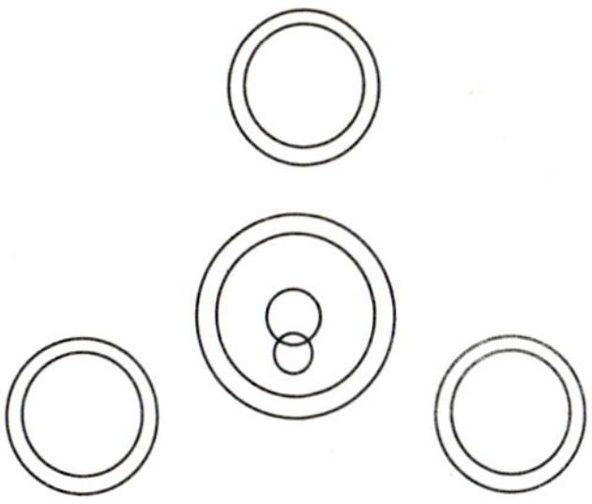

图 5-2　圆水准器整平

3. 对光消除视差的步骤是：转动________使________清晰，再转动________螺旋使________清晰。如发现________现象，说明存在________，则必须再转动________，直至________面和________面重合。

4. 用微倾式水准仪进行水准测量时，除使________气泡居中外，读数前还必须转动________螺旋，使________气泡居中，才能读数。若使图5-3所示气泡影像符合，请用箭头标出操作螺旋的转动方向。

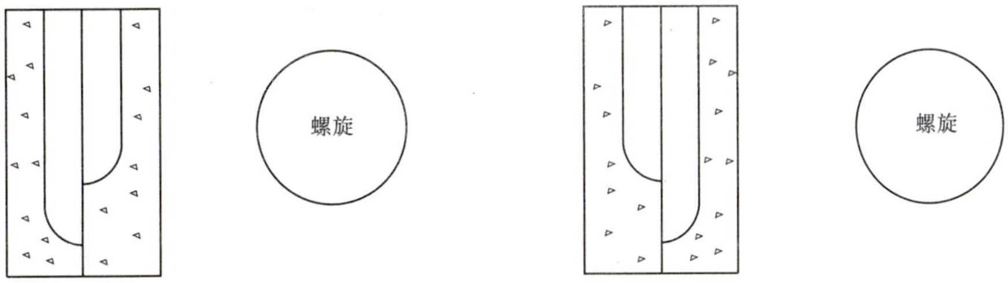

(a)　(b)

图 5-3　气泡影像

5. 观测练习记录（见表5-1）。

表 5-1　观测练习记录

测站	测点	后视读数（m）	前视读数（m）	高差（m）		高程（m）	备注
				+	-		

实训报告二　普通水准测量

实训时间:________　班级:________　作业小组:________　实训人员姓名:________

一、实训目的

二、实训内容

完成表5-2、表5-3。

表 5-2　普通水准测量记录

测站	测点	后视读数(m)	前视读数(m)	高差(m)		平均高差(m)		高程(m)	备注
				+	−	+	−		
合计		$\sum a =$	$\sum b =$			$\sum h =$			
$(\sum a - \sum b) - \sum h =$				$f_h =$		$f_{h允} =$			

表 5-3　闭合水准路线成果计算

点名	测站数(距离)	观测高差(m)	高差改正数(m)	改正后高差(m)	高程(m)	备注
辅助计算	$f_h =$　　　$f_{h允} =$　　　。					

实训报告三　四等水准测量

实训时间:________　班级:________　作业小组:________　实训人员姓名:________

一、实训目的

二、实训内容

完成表5-4、表5-5。

表 5-4　四等水准测量记录

测站编号	后尺 下丝 / 上丝	前尺 下丝 / 上丝	方向及尺号	水准尺读数		K + 黑 − 红 (mm)	高差中数 (m)	备注
	后视距	前视距		黑面	红面			
	视距差 d(m)	累计差 $\sum d$(m)						
	(1)	(5)	后 K_1	(3)	(4)	(13)	(18)	K_1 =
	(2)	(6)	前 K_2	(7)	(8)	(14)		K_2 =
	(9)	(10)	后 − 前	(15)	(16)	(17)		
	(11)	(12)						

表 5-5　四等水准测量成果处理

点名	测站数(距离)	观测高差(m)	高差改正数(m)	改正后高差(m)	高程(m)	备注
辅助计算	f_h =		$f_{h允}$ = 。			
草图						

实训报告四　经纬仪的认识及使用

实训时间:________　班级:________　作业小组:________　实训人员姓名:________

一、实训目的

二、实训内容

1. 写出图 5-4 引出的线上该部件的名称。

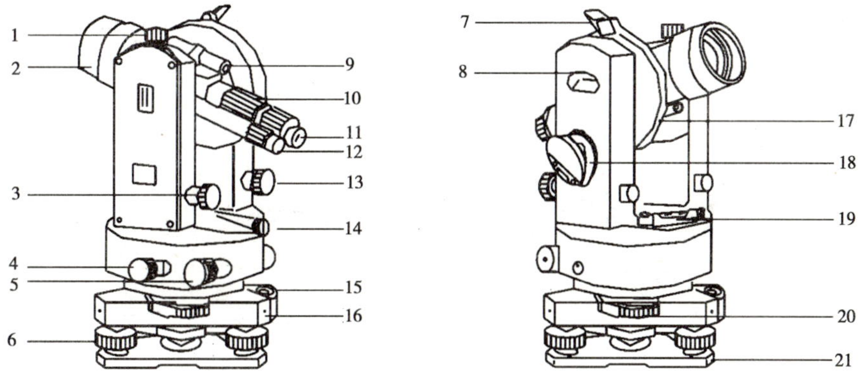

图 5-4　经纬仪

1—____________；　2—____________；　3—____________；　4—____________；
5—____________；　6—____________；　7—____________；　8—____________；
9—____________；　10—____________；　11—____________；　12—____________；
13—____________；　14—____________；　15—____________；　16—____________；
17—____________；　18—____________；　19—____________；　20—____________；
21—____________。

2. 从读数窗中观察到测微尺最小格的分划值为__________秒。

3. 图 5-5 中水平度盘读数是__________,竖直度盘读数是__________。

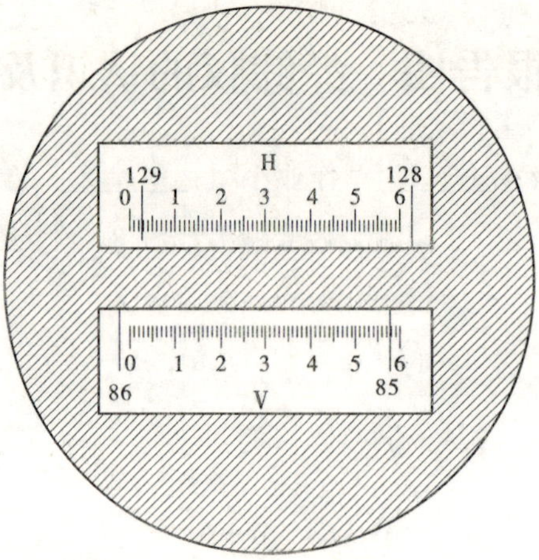

图 5-5

4. 观测记录练习。

完成表 5-6。

表 5-6　观测记录

测站	目标	盘左	盘右	备注

实训报告五　测回法观测水平角

实训时间：________　班级：________　作业小组：________　实训人员姓名：________

一、实训目的

二、实训内容

完成表 5-7。

表 5-7　测回法观测水平角记录

测站	测回	目标	竖盘位置	水平度盘读数（°　′　″）	半测回角值（°　′　″）	一测回平均角值（°　′　″）	各测回平均值（°　′　″）

实训报告六　方向法观测水平角(DJ_3型)

实训时间:________　班级:________　作业小组:________　实训人员姓名:________

一、实训目的

二、实训内容

完成表5-8。

表5-8　方向法水平角观测记录手簿

测站	测回	目标	水平度盘读数		2c	平均读数 (°　′　″)	归零方向值 (°　′　″)	各测回平均归零方向值 (°　′　″)	备注
			盘左 (°　′　″)	盘右 (°　′　″)					

实训报告七　竖直角观测及竖盘指标差验校(DJ_6型)

实训时间:________　班级:________　作业小组:________　实训人员姓名:________

一、实训目的

二、实训内容

完成表5-9。

表 5-9　竖直角观测记录

测站	目标	盘位	竖盘读数 (°　′　″)	半测回竖直角值 (°　′　″)	指标差 (″)	一测回竖直角 (°　′　″)	备注
		左					
		右					
		左					
		右					
		左					
		右					
		左					
		右					
		左					
		右					
		左					
		右					
		左					
		右					
		左					
		右					

实训报告八　视距测量及视距、三角高程计算

实训时间:________　班级:________　作业小组:________　实训人员姓名:________

一、实训目的

二、实训内容

完成表5-10。

表5-10　视距测量记录手簿

测站 仪器高	照准 点号	下丝读数 上丝读数 视距 l(m)	中丝读数 V(m)	竖盘读数 L	竖直角 α	水平距离 (m)	高差 (m)	高程 (m)

实训报告九　导线测量

实训时间:________　班级:________　作业小组:________　实训人员姓名:________

一、实训目的

二、实训内容

完成表5-11～表5-16。

表 5-11　四等水准测量记录手簿

第__________组　组长:__________　组员:__________

观测:__________　记录:__________　计算:__________　校核:__________　扶尺:__________

测站编号	后尺 下丝 / 上丝	前尺 下丝 / 上丝	方向及尺号	水准尺读数(m)		K+黑−红(mm)	平均高差(m)	备注
	后视距	前视距		黑面	红面			
	视距差	视距累计						
			后 K_1					K_1 =
			前 K_2					
			后－前					
			后 K_2					K_2 =
			前 K_1					
			后－前					
			后 K_1					
			前 K_2					
			后－前					
			后 K_2					
			前 K_1					
			后－前					
			后 K_1					
			前 K_2					
			后－前					
			后 K_2					
			前 K_1					
			后－前					
			后 K_1					
			前 K_2					
			后－前					
			后 K_2					
			前 K_1					
			后－前					

<table>
<tr><td rowspan="4">测站编号</td><td rowspan="2">后尺</td><td>下丝</td><td rowspan="2">前尺</td><td>下丝</td><td rowspan="4">方向及尺号</td><td colspan="2" rowspan="2">水准尺读数(m)</td><td rowspan="4">K+黑-红(mm)</td><td rowspan="4">平均高差(m)</td><td rowspan="4">备注</td></tr>
<tr><td>上丝</td><td>上丝</td></tr>
<tr><td colspan="2">后视距</td><td colspan="2">前视距</td><td rowspan="2">黑面</td><td rowspan="2">红面</td></tr>
<tr><td colspan="2">视距差</td><td colspan="2">视距累计</td></tr>
<tr><td rowspan="8"></td><td></td><td></td><td colspan="2"></td><td>后 K_1</td><td></td><td></td><td></td><td rowspan="3"></td><td rowspan="4">K_1 =</td></tr>
<tr><td></td><td></td><td colspan="2"></td><td>前 K_2</td><td></td><td></td><td></td></tr>
<tr><td></td><td></td><td colspan="2"></td><td>后-前</td><td></td><td></td><td></td></tr>
<tr><td colspan="2"></td><td colspan="2"></td><td colspan="5"></td></tr>
<tr><td></td><td></td><td colspan="2"></td><td>后 K_2</td><td></td><td></td><td></td><td rowspan="3"></td><td rowspan="4">K_2 =</td></tr>
<tr><td></td><td></td><td colspan="2"></td><td>前 K_1</td><td></td><td></td><td></td></tr>
<tr><td></td><td></td><td colspan="2"></td><td>后-前</td><td></td><td></td><td></td></tr>
<tr><td colspan="2"></td><td colspan="2"></td><td colspan="5"></td></tr>
<tr><td colspan="11">Σ(3) = Σ(4) = Σ(7) = Σ(8) = Σ(9) =
Σ(10) = Σ(15) = Σ(16) =
Σ(9) - Σ(10) = [Σ(3) + Σ(4)] - [Σ(7) + Σ(8)] =
Σ(15) + Σ(16) = 末站(12) =
Σ(18) = 2Σ(18) = 总视距Σ(9) + Σ(10) =</td></tr>
</table>

表 5-12　四等水准测量记录手簿

第________组　组长:________　组员:______________________________

观测:________　记录:________　计算:________　校核:________　扶尺:________

测站编号	后尺 下丝 上丝	前尺 下丝 上丝	方向及尺号	水准尺读数(m)		K+黑-红(mm)	平均高差(m)	备注
	后视距	前视距		黑面	红面			
	视距差	视距累计						
			后 K_1					
			前 K_2					K_1 =
			后－前					
			后 K_2					K_2 =
			前 K_1					
			后－前					
			后 K_1					
			前 K_2					
			后－前					
			后 K_2					
			前 K_1					
			后－前					
			后 K_1					
			前 K_2					
			后－前					
			后 K_2					
			前 K_1					
			后－前					
			后 K_1					
			前 K_2					
			后－前					
			后 K_2					
			前 K_1					
			后－前					

测站编号	后尺 下丝	前尺 下丝	方向及尺号	水准尺读数(m)		K+黑-红(mm)	平均高差(m)	备注
	后尺 上丝	前尺 上丝		黑面	红面			
	后视距	前视距						
	视距差	视距累计						
			后 K_1					
			前 K_2					K_1 =
			后-前					
			后 K_2					K_2 =
			前 K_1					
			后-前					

Σ(3) =　　Σ(4) =　　Σ(7) =　　Σ(8) =　　Σ(9) =

Σ(10) =　　Σ(15) =　　Σ(16) =

Σ(9) - Σ(10) =　　[Σ(3) + Σ(4)] - [Σ(7) + Σ(8)] =

Σ(15) + Σ(16) =　　末站(12) =

Σ(18) =　　2Σ(18) =　　总视距Σ(9) + Σ(10) =

表 5-13　四等水准测量记录手簿

第＿＿＿＿＿组　组长：＿＿＿＿＿＿　组员：＿＿＿＿＿＿＿＿＿＿＿＿＿＿＿＿＿＿＿＿

观测：＿＿＿＿＿＿　记录：＿＿＿＿＿＿　计算：＿＿＿＿＿＿　校核：＿＿＿＿＿＿　扶尺：＿＿＿＿＿＿

测站编号	后尺 下丝	前尺 下丝	方向及尺号	水准尺读数(m)		K+黑-红(mm)	平均高差(m)	备注
	后尺 上丝	前尺 上丝		黑面	红面			
	后视距	前视距						
	视距差	视距累计						
			后 K_1					
			前 K_2					K_1 =
			后－前					
			后 K_2					K_2 =
			前 K_1					
			后－前					
			后 K_1					
			前 K_2					
			后－前					
			后 K_2					
			前 K_1					
			后－前					
			后 K_1					
			前 K_2					
			后－前					
			后 K_2					
			前 K_1					
			后－前					
			后 K_1					
			前 K_2					
			后－前					
			后 K_2					
			前 K_1					
			后－前					

<table>
<tr><td rowspan="4">测站编号</td><td rowspan="2">后尺</td><td>下丝</td><td rowspan="2">前尺</td><td>下丝</td><td rowspan="4">方向及尺号</td><td colspan="2">水准尺读数(m)</td><td rowspan="4">K+黑-红(mm)</td><td rowspan="4">平均高差(m)</td><td rowspan="4">备注</td></tr>
<tr><td>上丝</td><td>上丝</td><td rowspan="3">黑面</td><td rowspan="3">红面</td></tr>
<tr><td colspan="2">后视距</td><td colspan="2">前视距</td></tr>
<tr><td colspan="2">视距差</td><td colspan="2">视距累计</td></tr>
<tr><td rowspan="4"></td><td colspan="2"></td><td colspan="2"></td><td>后 K_1</td><td></td><td></td><td></td><td rowspan="3"></td><td rowspan="4">K_1 =</td></tr>
<tr><td colspan="2"></td><td colspan="2"></td><td>前 K_2</td><td></td><td></td><td></td></tr>
<tr><td colspan="2"></td><td colspan="2"></td><td>后-前</td><td></td><td></td><td></td></tr>
<tr><td colspan="2"></td><td colspan="2"></td><td colspan="5"></td></tr>
<tr><td rowspan="4"></td><td colspan="2"></td><td colspan="2"></td><td>后 K_2</td><td></td><td></td><td></td><td rowspan="3"></td><td rowspan="4">K_2 =</td></tr>
<tr><td colspan="2"></td><td colspan="2"></td><td>前 K_1</td><td></td><td></td><td></td></tr>
<tr><td colspan="2"></td><td colspan="2"></td><td>后-前</td><td></td><td></td><td></td></tr>
<tr><td colspan="2"></td><td colspan="2"></td><td colspan="5"></td></tr>
<tr><td colspan="11">$\sum(3)=$ $\sum(4)=$ $\sum(7)=$ $\sum(8)=$ $\sum(9)=$
$\sum(10)=$ $\sum(15)=$ $\sum(16)=$
$\sum(9)-\sum(10)=$ $[\sum(3)+\sum(4)]-[\sum(7)+\sum(8)]=$
$\sum(15)+\sum(16)=$ 末站(12) =
$\sum(18)=$ $2\sum(18)=$ 总视距$\sum(9)+\sum(10)=$</td></tr>
</table>

表 5-14　四等水准测量记录手簿

第__________组　组长:__________　组员:______________________________

观测:__________　记录:__________　计算:__________　校核:__________　扶尺:__________

测站编号	后尺 下丝 / 上丝	前尺 下丝 / 上丝	方向及尺号	水准尺读数(m) 黑面	水准尺读数(m) 红面	K+黑-红 (mm)	平均高差 (m)	备注
	后视距	前视距						
	视距差	视距累计						
			后 K_1					
			前 K_2					K_1 =
			后－前					
			后 K_2					K_2 =
			前 K_1					
			后－前					
			后 K_1					
			前 K_2					
			后－前					
			后 K_2					
			前 K_1					
			后－前					
			后 K_1					
			前 K_2					
			后－前					
			后 K_2					
			前 K_1					
			后－前					
			后 K_1					
			前 K_2					
			后－前					
			后 K_2					
			前 K_1					
			后－前					

<table>
<tr><td rowspan="4">测站编号</td><td rowspan="2">后尺</td><td>下丝</td><td rowspan="2">前尺</td><td>下丝</td><td rowspan="4">方向及尺号</td><td colspan="2" rowspan="2">水准尺读数(m)</td><td rowspan="4">K + 黑 - 红
(mm)</td><td rowspan="4">平均高差
(m)</td><td rowspan="4">备注</td></tr>
<tr><td>上丝</td><td>上丝</td></tr>
<tr><td colspan="2">后视距</td><td colspan="2">前视距</td><td rowspan="2">黑面</td><td rowspan="2">红面</td></tr>
<tr><td colspan="2">视距差</td><td colspan="2">视距累计</td></tr>
<tr><td rowspan="4"></td><td colspan="2"></td><td colspan="2"></td><td>后 K_1</td><td></td><td></td><td></td><td rowspan="3"></td><td rowspan="8">K_1 =

K_2 =</td></tr>
<tr><td colspan="2"></td><td colspan="2"></td><td>前 K_2</td><td></td><td></td><td></td></tr>
<tr><td colspan="2"></td><td colspan="2"></td><td>后 - 前</td><td></td><td></td><td></td></tr>
<tr><td colspan="2"></td><td colspan="2"></td><td colspan="5"></td></tr>
<tr><td rowspan="4"></td><td colspan="2"></td><td colspan="2"></td><td>后 K_2</td><td></td><td></td><td></td><td rowspan="3"></td></tr>
<tr><td colspan="2"></td><td colspan="2"></td><td>前 K_1</td><td></td><td></td><td></td></tr>
<tr><td colspan="2"></td><td colspan="2"></td><td>后 - 前</td><td></td><td></td><td></td></tr>
<tr><td colspan="2"></td><td colspan="2"></td><td colspan="5"></td></tr>
<tr><td colspan="11">∑(3) =　　∑(4) =　　∑(7) =　　∑(8) =　　∑(9) =
∑(10) =　　∑(15) =　　∑(16) =
∑(9) - ∑(10) =　　[∑(3) + ∑(4)] - [∑(7) + ∑(8)] =
∑(15) + ∑(16) =　　末站(12) =
∑(18) =　　2∑(18) =　　总视距∑(9) + ∑(10) =</td></tr>
</table>

表 5-15　测回法测水平角记录手簿

<table>
<tr><th>测站</th><th>目标</th><th>竖盘
位置</th><th>水平度盘读数
(°　′　″)</th><th>半测回角值
(°　′　″)</th><th>一测回平均角值
(°　′　″)</th><th>各测回平均角值
(°　′　″)</th></tr>
<tr><td rowspan="4"></td><td></td><td rowspan="2"></td><td></td><td rowspan="2"></td><td rowspan="4"></td><td rowspan="8"></td></tr>
<tr><td></td><td></td></tr>
<tr><td></td><td rowspan="2"></td><td></td><td rowspan="2"></td></tr>
<tr><td></td><td></td></tr>
<tr><td rowspan="4"></td><td></td><td rowspan="2"></td><td></td><td rowspan="2"></td><td rowspan="4"></td></tr>
<tr><td></td><td></td></tr>
<tr><td></td><td rowspan="2"></td><td></td><td rowspan="2"></td></tr>
<tr><td></td><td></td></tr>
<tr><td rowspan="4"></td><td></td><td rowspan="2"></td><td></td><td rowspan="2"></td><td rowspan="4"></td><td rowspan="8"></td></tr>
<tr><td></td><td></td></tr>
<tr><td></td><td rowspan="2"></td><td></td><td rowspan="2"></td></tr>
<tr><td></td><td></td></tr>
<tr><td rowspan="4"></td><td></td><td rowspan="2"></td><td></td><td rowspan="2"></td><td rowspan="4"></td></tr>
<tr><td></td><td></td></tr>
<tr><td></td><td rowspan="2"></td><td></td><td rowspan="2"></td></tr>
<tr><td></td><td></td></tr>
<tr><td rowspan="4"></td><td></td><td rowspan="2"></td><td></td><td rowspan="2"></td><td rowspan="4"></td><td rowspan="8"></td></tr>
<tr><td></td><td></td></tr>
<tr><td></td><td rowspan="2"></td><td></td><td rowspan="2"></td></tr>
<tr><td></td><td></td></tr>
<tr><td rowspan="4"></td><td></td><td rowspan="2"></td><td></td><td rowspan="2"></td><td rowspan="4"></td></tr>
<tr><td></td><td></td></tr>
<tr><td></td><td rowspan="2"></td><td></td><td rowspan="2"></td></tr>
<tr><td></td><td></td></tr>
</table>

表 5-16　测回法测水平角记录手簿

测站	目标	竖盘位置	水平度盘读数 (°　′　″)	半测回角值 (°　′　″)	一测回平均角值 (°　′　″)	各测回平均角值 (°　′　″)